职业技术教育课程改革规划教材

光机电专业国家级教学资源库系列教材

先进激光制造设备

XIAN JIN JIGUANG

ZHIZAO SHEBEI

主　编　肖海兵　钟正根　宋长辉

副主编　周泳全　刘明俊　徐晓梅　张　卫

主　审　唐霞辉

U0278664

 华中科技大学出版社

http://www.hustp.com

中国·武汉

内 容 简 介

　　本书是全国高职高专激光领域人才培养的规划教材,根据高职高专教育的培养目标和教学特点,遵循"实用,够用"的原则,强调可操作性和实用性,注重培养学生的动手能力和解决实际问题的能力。编者结合团队教学实践与教学经验,参考激光制造企业需求编写了此书。本书内容涵盖了激光打标设备、激光打孔设备、激光切割设备、激光焊接设备、激光热处理设备、超短脉冲激光加工设备、激光快速成形技术及 3D 打印设备和其他先进激光加工设备等。

　　本书可作为高职高专激光领域专业的基础课教材,也可作为独立院校、成人院校相关专业的教材,还可作为相关培训的参考书。

图书在版编目(CIP)数据

先进激光制造设备/肖海兵,钟正根,宋长辉主编. —武汉:华中科技大学出版社,2019.3(2021.7 重印)
职业技术教育课程改革规划教材. 光机电专业国家级教学资源库系列教材
ISBN 978-7-5680-5044-9

Ⅰ.①先…　Ⅱ.①肖…　②钟…　③宋…　Ⅲ.①激光加工-工业生产设备-高等职业教育-教材　Ⅳ.①TG665

中国版本图书馆 CIP 数据核字(2019)第 040063 号

先进激光制造设备　　　　　　　　　　　　　　　肖海兵　钟正根　宋长辉　主编
Xianjin Jiguang Zhizao Shebei

策划编辑:王红梅
责任编辑:刘艳花
封面设计:秦　茹
责任校对:张会军
责任监印:徐　露
出版发行:华中科技大学出版社(中国·武汉)　　电话:(027)81321913
　　　　　武汉市东湖新技术开发区华工科技园　　邮编:430223
录　　排:武汉市洪山区佳年华文印部
印　　刷:武汉市籍缘印刷厂
开　　本:787mm×1092mm　1/16
印　　张:13
字　　数:313 千字
版　　次:2021 年 7 月第 1 版第 2 次印刷
定　　价:29.80 元

职业技术教育课程改革规划教材
光机电专业国家级教学资源库系列教材

编审委员会

前　言

激光是朝阳行业，预计在未来十年中会蓬勃发展。良好的行业大环境，造就了光电制造与应用技术专业、激光加工技术专业的毕业生供不应求的现象。光电制造与应用技术专业、激光加工技术专业等专业的学生毕业后可从事激光加工设备的研发、调试、工艺设计、售后服务等工作。

深圳信息职业技术学院结合深圳激光产业的发展开设本课程。深圳信息职业技术学院机电工程学院的特种加工技术专业（激光加工技术方向）成立于 2013 年，已经建成较完善的激光加工实训室。目前，该校在光电制造与应用技术专业、机械设计专业开设"先进激光制造设备"课程。本课程是光电制造与应用技术专业的核心课程，是机械设计专业的拓展课程。

本书面向从事激光应用领域的科研人员、高职院校相关专业的大学生，作为激光加工技术专业、机械设计专业、光电制造与应用技术专业等相关专业的"先进激光制造设备"课程的教学指导教材，强调可操作性、实用性，采用项目式教学方法，注重培养学生的动手能力和解决实际问题的能力。

本书共 11 章：第 1 章，先进激光制造设备概述；第 2 章，先进激光制造设备相关知识；第 3 章，激光打标设备；第 4 章，激光打孔设备；第 5 章，激光切割设备；第 6 章，激光焊接设备；第 7 章，激光热处理设备；第 8 章，超短脉冲激光加工设备；第 9 章，激光快速成形技术及 3D 打印设备；第 10 章，其他先进激光加工设备；第 11 章，激光加工设备开发。

本书在编写过程中参考了有关的专著、论文和激光实训室激光加工设备使用说明书等文献资料，得到深圳市海目星激光科技有限公司、深圳市正亚激光设备有限公司的大力支持，得到中国光学学会激光加工专业委员会职业教育的大力支持。在此向相关单位及相关人员表示感谢。

本书编写分工为深圳信息职业技术学院的肖海兵高级工程师编写第 1 章、第 2 章、第 4 章、第 5 章、第 6 章、第 7 章、第 10 章；华南理工大学宋长辉副研究员编写第 8 章；浙江工贸职业技术学院钟正根编写第 3 章、第 9 章；深圳信息职业技术学院的周泳全教授、刘明俊副教授、徐晓梅讲师和张卫讲师共同编写第 11 章；最后由肖海兵统稿。华中科技大学激光加工国家工程研究中心副主任唐霞辉教授作为主审提出了很多宝贵意见。在此一并表示感谢。

由于编者写作水平有限，书中难免有不妥或错误之处，敬请读者批评指正。

编　者

2018 年 10 月

目　　录

1

先进激光制造设备概述

1.1　课程介绍

1.1.1　课程性质与作用

"先进激光制造设备"课程是光电制造与应用技术专业、激光加工技术专业的核心课程。激光加工技术专业以培养社会急需的激光加工设备高端技能型人才为宗旨,造就德、智、体全面发展,具备创新意识和创意素质的复合型人才。重点训练激光加工设备的安装、调试、加工工艺、维修维护、数控操作等高端技能。本课程涉及光学与激光、机械、电子电工、控制技术等专业知识。

"先进激光制造设备"是激光加工技术专业学生必修的一门专业核心课程,是校企合作开发的基于工作过程的课程。本课程介绍构成激光加工设备的机械零部件的结构和工作原理、光电组件的结构和工作原理。激光加工技术专业的教学定位是培养具有良好综合素质,掌握激光加工技术、工艺和专业设备的基本理论和专业技能,从事机械零件和电子产品的激光加工的高素质技能型人才。"先进激光制造设备"课程体系如图 1-1 所示。

"先进激光制造设备"课程的教学目的是让学生了解和掌握激光加工设备结构、工作原理与加工工艺,培养学生分析、解决激光加工工艺问题的能力,特别强调学生对激光加工设备结构的深入理解,为学生今后从事光电子方向的工作打下扎实的理论基础,为学生深入学习专业知识、掌握职业技能、提高全面素质、适应职业要求打下良好的基础,为学生将来从事产品的设计、制造与测量工作打下良好的基础,并为学生拓展职业技能。

深圳市及其周边地区的企业对激光加工设备人才的需求特别旺盛。本课程是在深圳信息职业技术学院机电工程学院教学工厂人才培养模式下,本着满足社会对激光加工设备人才的需求和学生自主创业的需要为原则,通过社会与行业企业调研,经学院教育专家、课程团队、企业专家共同构建的。

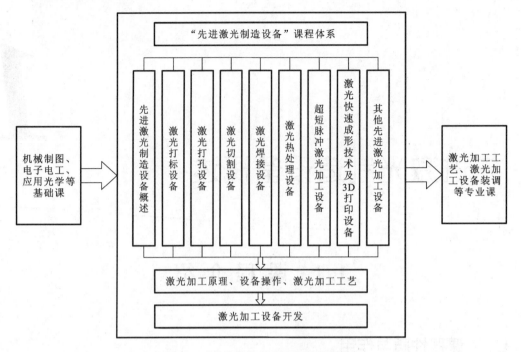

图 1-1 "先进激光制造设备"课程体系

1.1.2 课程设计理念

本课程坚持"以学生为本"的教育思想,课程设计中采用项目驱动为主的教学模式,使学生在获得适应岗位的职业素养和职业能力的同时,获得自主学习的能力、方法创新的能力、协作沟通的能力和可持续发展的能力。

遵循教高〔2006〕16 号文件精神,把"以就业为导向""校企合作,工学结合"等高职教育思想贯穿到课程建设、课程设计、课程实施、课程评价的全过程,以及教材建设、教学条件建设和课程网站建设等方面,充分体现高职课程的职业性、实践性和开放性。

本课程从专业培养目标及企业的实际出发,结合当今国内外先进的激光加工设备及应用技术,全面阐述了激光工程应用领域所涉及的知识体系,让学生在进入企业之前,先了解激光应用技术的系统概念,以便更好地为企业服务、为社会服务。

本课程以机电类专业培养方案的指导思想和最新的教学计划为依据,以学生为主体,全面讲述激光应用技术知识的内容,拓展学生的知识面,培养学生理论联系实际的能力。

1.1.3 课程设计思路

1. 课程内容

在课程设计中,改变传统的以学科知识为主构建课程内容,按照行业需求、岗位适用、技能为主的原则,设计以培养学生能力为基础,基于工作过程,以典型工作任务为载体的课程内容,突出实践在教学中的主体地位。

2. 课程学习目标

通过本课程的学习,学生对激光加工设备的结构原理和加工工艺可有一个比较全面的了解,通过一定的实践操作练习,学生可掌握一定的激光加工设备基础知识,为今后更好地利用激光加工技术参加生产建设等工作打下扎实的理论基础。

本课程学习目标可以从知识目标、能力目标及素质目标等方面进行分析。

(1) 知识目标:激光加工设备的基本结构、设备种类和适用范围;不同行业激光技术及其加工设备的使用范围;激光加工设备的维护与维修技术。

(2) 能力目标:激光加工设备的使用能力、维护与维修能力。

(3) 素质目标:提出问题、分析问题、解决问题的能力;创新能力以及团队合作的能力;勤于思考、刻苦钻研、虚心请教、踏实求真的职业精神。

1.1.4　教学评价、考核要求

本课程教学过程以学生为主体,以项目、任务形式驱动学生对此部分知识的把握,引领、开发学生探索新知识、新技能的积极性和热情,因此,考核时以学生在完成任务的过程中表现出来的求知欲及解决问题的能力为参考,采用作业形式巩固其对知识的掌握。

学期末设置期末考试,对课程重要的知识点进行综合性考核,重在考查用知识解决实际问题的能力。

考核过程采用项目考评、过程考评、报告考评及知识考评等,实现形成性评价和总结性评价相结合,对知识与技能、过程与方法、情感态度与价值观等进行全面评价。

考核内容由以下三部分组成。

(1) 学习情感态度表现(20%)。

该部分成绩由教师根据学生平时的学习态度、课堂纪律及考勤纪律、团队配合情况等确定,占总成绩的20%。

(2) 项目过程评价(30%)。

该部分成绩以完成项目内容和项目要求为依据进行评分,占总成绩的30%。它由以下几个部分组成,具体评定标准如下。

① 教师考评:在项目结束后,教师根据学生完成任务的情况进行评分,此项占总成绩的20%。

② 学生自评互评:在项目结束后,教师根据项目成员的付出比例进行评分,在项目小组内进行学生互评,此项占总成绩的5%。

③ 项目报告质量:指导教师根据学生或项目小组提交的项目总结、技术文档的质量进行评分,此项占总成绩的5%。

(3) 期末考试成绩(50%)。

期末考试由知识点考查及实操组成,主要考查学生对课程核心知识点的掌握情况及对技能的掌握情况,占总成绩的50%。

1.1.5 实训室建设

本课程依托激光加工实训室。深圳信息职业技术学院已经建成较完善的激光加工实训室,如图 1-2 所示,目前有 5 台激光打标机(1 台 CO_2 激光打标机、3 台光纤打标机、1 台三维紫外激光打标机)、4 台激光切割机(1 台光纤激光切割机、1 台固体激光切割机、2 台紫外激光精密切割机)、2 台激光焊接机、2 台激光内雕机、4 套激光光路调试设备、1 个激光智能焊接工作站、1 套激光熔覆加工设备、1 套皮秒激光微纳加工设备、1 套三维机器人光纤激光切割设备等先进的激光加工设备,建立了较完善的激光仿真实训室,实训室有激光打标仿真软件、激光切割仿真软件、激光焊接仿真软件、激光熔覆仿真软件等。

（a）激光打标机

（b）激光切割机

（c）激光光路调试设备

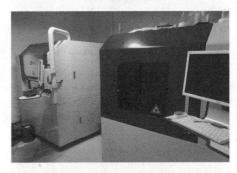

（d）皮秒激光微纳加工设备

（e）三维机器人光纤激光切割设备

（f）激光仿真实训室

图 1-2　激光加工实训室

1.2　国内外激光加工设备概况

1.2.1　激光的产生及激光加工设备的发展

激光的理论基础起源于爱因斯坦。1916 年,爱因斯坦提出了一套全新的理论——光与物质相互作用。这一理论是说在组成物质的原子中,有不同数量的粒子(电子)分布在不同的能级上,在高能级上的粒子受到某种光的激发,会从高能级跳到(跃迁)到低能级上,这时将会辐射出与激发它的光相同性质的光,而且在某种状态下,能出现一个弱光激发出一个强光的现象。这就称为受激辐射的光放大,简称激光。

1953 年,美国人查尔斯·哈德·汤斯(Charles Hard Townes)从受激辐射的原理到一个可见的激光设备迈出了第一步。他发明了第一个微波放大器。微波是波长比可见光大得多的电磁波,它的波长以厘米为单位进行计量。微波放大器用在电波望远镜中,把望远镜从外太空接到的弱信号进行放大,从而使得人类可以瞭望银河系的中心。第一个运转的微波放大器使得激光的出现变得容易。

1958 年,美国科学家亚瑟·莱昂纳德·肖洛(Arthur Leonard Schawlow)和查尔斯·哈德·汤斯发现了一种神奇的现象:当他们将氖光灯泡所发射的光照在一种稀土晶体上时,晶体的分子会发出鲜艳的、始终会聚在一起的强光。根据这一现象,他们提出了激光原理,即物质在受到与其分子固有振荡频率相同的能量激发时,都会产生这种不发散的强光——激光。他们为此发表了重要论文,并获得 1964 年的诺贝尔物理学奖,这奠定了激光发展的基础。

1960 年 5 月 15 日,美国加利福尼亚州休斯实验室的科学家西奥多·梅曼宣布获得了波长为 0.6943 μm 的激光,这是人类有史以来获得的第一束激光,西奥多·梅曼也因此成为世界上第一个将激光引入实用领域的科学家。

1960 年 7 月 7 日,西奥多·梅曼宣布世界上第一台激光器诞生,西奥多·梅曼的方案是利用一个高强闪光灯管来激发红宝石。红宝石只是一种掺有铬原子的刚玉,所以当红宝石受到刺激时,就会发出一种红光。在一块表面镀上反光镜的红宝石的表面钻一个孔,使红光可以从这个孔溢出,从而产生一条相当集中的纤细红色光柱,当它射向某一点时,可使其达到比太阳表面还高的温度。

1962 年,发明半导体二极管激光器(这是现在小型商用激光器的支柱)。

1965 年 5 月,激光打孔设备成功地应用于拉丝模打孔生产,获得了显著的经济效益。

1965 年 12 月,成功研制出激光漫反射测距机。

1966 年 4 月,研制出遥控脉冲激光多普勒测速仪。

1965 年,第一台可产生大功率激光的器件——CO_2 激光器诞生。

1967 年,第一台 X 射线激光器研制成功。

1969 年,激光用于遥感勘测,激光被射向阿波罗 11 号放在月球表面的反射器,测得的地月距离误差在几米范围内。

1971 年，激光进入艺术世界，用于舞台光影效果，以及激光全息摄像。英国籍匈牙利裔物理学家 Dennis Gabor 凭借对全息摄像的研究获得诺贝尔奖。

1978 年，飞利浦制造出第一台激光盘(LD)播放机，不过播放机的价格很高。

1982 年，第一台紧凑碟片(CD)播放机出现，第一张 CD 盘是美国歌手 Billy Joel 于 1978 年发行的专辑 52nd Street。

1983 年，里根总统发表了"星球大战"的演讲，描绘了基于太空的激光武器。

1990 年，激光用于制造业，包括集成电路和汽车制造。

1991 年，第一次用激光治疗近视，海湾战争中第一次用激光制造导弹。

1997 年，美国麻省理工学院的研究人员研制出第一台原子激光器。

2010 年，美国国家核安全管理局(NNSA)表示，通过使用 192 束激光来束缚核聚变的反应原料、氢的同位素氘(质量数为 2)和氚(质量数为 3)，解决了核聚变的一个关键难题。

1.2.2　激光加工设备应用

激光加工设备是利用光的能量经过透镜聚焦后在焦点上达到很高的能量密度，靠光热效应进行材料(包括金属与非金属)加工的设备。按照用途不同可分为激光切割设备、激光打标设备、激光雕刻设备、激光焊接设备、激光打孔设备、微加工及表面改性设备、激光刻蚀设备等。近年来，与激光加工相关的产品和服务迅速发展，向电子产品、汽车制造、精密仪器制造、光伏电池等领域不断渗透，形成遍布全球的产业链，产业分工的成熟度和深入程度不断提升。

激光技术的研究范围一般可分为以下几个方面。

(1) 激光加工系统：激光器、导光系统、加工机床、控制系统及检测系统。

(2) 激光加工工艺：打标、切割、焊接、表面处理、打孔、划线、微调等各种加工工艺。

(3) 激光焊接：主要用于焊接汽车车身厚薄板、汽车零件、锂电池、心脏起搏器、密封继电器等密封器件，以及各种不允许焊接污染和变形的器件。目前常用的激光器有 YAG 激光器、CO_2 激光器和半导体泵浦激光器。

(4) 激光切割：主要用于切割各种金属和特殊材料的零件。目前常用的激光器有 YAG 激光器和 CO_2 激光器。

(5) 激光打标：在各种材料和几乎所有的行业中均得到广泛应用。目前常用的激光器有 YAG 激光器、CO_2 激光器和半导体泵浦激光器。

(6) 激光打孔：主要应用在航空航天、汽车制造、电子仪表、化工等行业。目前国内比较成熟的激光打孔技术应用在人造金刚石和天然金刚石拉丝模，以及宝石轴承、飞机叶片、多层印刷线路板等的生产。

(7) 激光热处理：在汽车工业中应用广泛，如缸套、曲轴、活塞环、换向器、齿轮等零部件的热处理，同时在航空航天、机床行业和其他机械行业也应用广泛。我国的激光热处理应用远比国外广泛得多。目前使用的激光器多以 YAG 激光器、CO_2 激光器为主。

(8) 激光快速成形：由激光加工技术、计算机数控技术及柔性制造技术结合而成。多用于模具和模型行业。目前使用的激光器多以 YAG 激光器、CO_2 激光器为主。

（9）激光熔覆：在航空航天、模具及机电行业应用广泛。目前使用的激光器多以大功率YAG激光器、CO_2激光器为主。

激光加工设备属于专业设备制造业，是改造、提升传统加工技术的高新技术，具有节能、高效、环保等综合优势。激光加工设备属于国家重点发展领域。2017年科技部印发的《"十三五"先进制造技术领域科技创新专项规划》指出了增材制造、激光制造、智能机器人制造装备等的发展任务。激光加工设备对航空、汽车、造船、食品、医药、精密机械等行业来说是提升产品品质、节约成本、提升竞争力的科技应用设备。随着国内制造业的结构调整和产业转移，国际上越来越多的高尖产品转移到国内生产，这大大促进了对激光加工技术的应用。

1.2.3　激光加工设备行业概况

目前激光加工设备行业已形成成熟的产业链，激光加工设备行业产业链如图1-3所示。上游主要包括激光材料及配套元器件，中游主要包括各种激光器及其配套设备，下游主要包括激光应用产品、消费产品、仪器设备等。

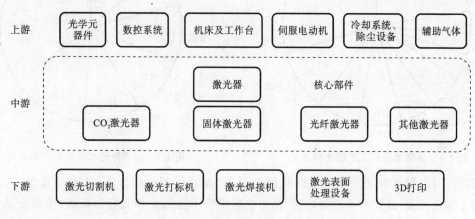

图1-3　激光加工设备行业产业链

激光加工设备下游应用广泛，分布如图1-4所示。

根据图1-5所示的全球激光材料加工系统市场规模，预测全球激光材料加工系统市场规模在2022年将达到97.5亿美元，年复合增长率为6.13%。根据市场调查，2015年全球用于材料加工的激光系统市场规模达到了107亿欧元，比2014年的87亿欧元增长了约20%（因受汇率影响，以美元计算无法体现增长变动情况）。

在中国激光产业市场中，激光设备市场（含进口）2015年销售总收入达到336亿元，同比2014年增长4.7个百分点。

全球激光加工系统市场占比如图1-6所示，可看出在全球激光加工系统市场中，通快占据30%的市场份额，是行业龙头，大族激光占据10%的市场份额。但是在中国市场上，大族激光增长速度快，营业收入规模远超通快和百超。

国内激光加工系统市场占比如图1-7所示，可看出在国内激光加工系统市场，大族激光的占有率第一，稳居行业龙头。大族激光的市场份额占国内激光加工系统市场份额的35%，超出第二21个百分点。

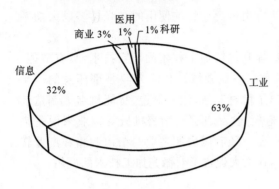

图 1-4　激光设备下游应用

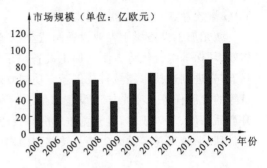

图 1-5　全球激光材料加工系统市场规模

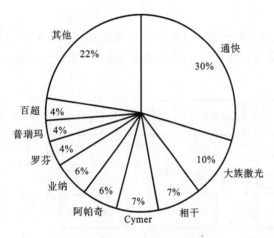

图 1-6　全球激光加工系统市场占比

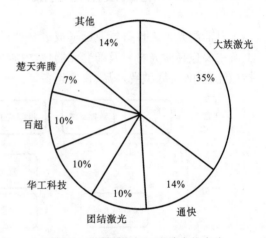

图 1-7　国内激光加工系统市场占比

当前,国内激光市场主要分为激光加工设备、光通信器件与设备、激光测量设备、激光器、激光医疗设备、激光零部件等,其产品主要应用于工业加工和光通信市场,两者占据了近七成的市场空间。

据统计,我国已有上千家激光相关企业,主要位于上海、北京、江苏、湖北和广东等经济发达的地区,这些地区的年销售额约占全国激光产品市场总额的 90%。

2017 年中国上市激光企业市值 TOP20 如表 1-1 所示,排名前 5 的龙头激光企业总市值近 1364 亿元,排名前 20 的激光企业总市值接近 1868 亿元。

表 1-1　2017 年中国上市激光企业市值 TOP20

序号	股票代码	证券名简称	总市值/万元	主要业务
1	002008	大族激光	5390813	大功率激光切割、激光焊接
2	300024	机器人	2928569	机器人激光系统
3	600666	奥瑞德	2135547	激光精密加工设备
4	000988	华工科技	1702316	激光器、激光加工设备及成套设备、激光全息综合防伪标识

序号	股票代码	证券名简称	总市值/万元	主要业务
5	002444	巨星科技	1481691	五金加工、机械设备、激光仪等
6	002222	福晶科技	765225	光学晶体、晶体材料、激光器件的制造及其技术咨询、技术服务
7	300410	正业科技	695396	激光切割机
8	300516	久之洋	527160	光学镜头、红外热像仪、激光测距仪的研发
9	603607	京华激光	374156	激光全息模压制品
10	600288	大恒科技	372590	光学仪器、激光加工设备
11	002189	利达光电	360226	精密光学零件、光学薄膜产品、光学镜头、光学引擎、数码投影产品、光学辅料
12	300620	光库科技	356312	激光元件、配件及组件技术
13	300227	光韵达	319625	3D打印
14	300167	迪威迅	296937	激光工程投影仪、激光电影放映机、激光电视
15	300161	华中数控	274046	数控系统、激光加工机器人
16	300220	金运激光	248220	大幅面金属激光切割机、激光雕刻切割机、激光切割裁床、激光打标机、激光焊接机等
17	833684	联赢激光	225504	焊接设备
18	832861	奇致激光	101400	激光医疗美容设备
19	838157	华光光电	66468	LED照明产品、光学模组
20	836850	嘉东光电	55650	光学元件

排名前五的激光企业,市值均超100亿元,排名第五的巨星科技,市值已经接近150亿元。前五个激光企业的总市值,超TOP20激光企业总市值的70%。前三名差别比较大,第一名大族激光的总市值约为539亿元,差不多是第二名机器人的1.8倍。第二名与第三名的市值差距不大,两者相差8亿元左右。

大族激光是中国激光装备行业的领军企业,也是亚洲最大、世界知名的激光加工设备生产企业,主要从事激光加工设备的研发、生产和销售。大族激光是世界上仅有的几家拥有"紫外激光专利"的公司之一,已实现激光技术装备研发、生产的跨越发展,可为国内外客户提供一整套激光加工解决方案及相关配套设施。

随着激光技术的进步,中国激光行业必将获得快速发展。未来五年,我国激光市场在相关产业的带动下,将实现快速发展,至2018年底,我国激光应用领域将形成以激光加工、激光通信、激光医疗、激光显示、激光全息等为产业的激光产业群,行业发展前景很好。

国内激光应用如图1-8所示。

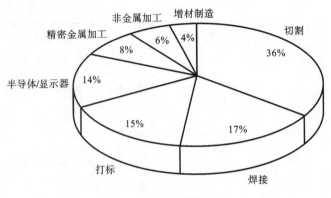

图 1-8 国内激光应用

1.2.4 激光加工设备现状分析

1. 国际激光加工设备行业现状

激光加工技术自诞生以来在工业制造中显示出低成本、高效率以及应用领域广泛的优势,受到各国高度重视。目前,以德国、美国、日本为主的少数工业发达国家基本实现了在大型制造产业中用激光加工工艺替换传统工艺,同时也造就了德国罗芬、通快,美国阿帕奇等一批优秀的激光企业。

为了促进激光加工技术及激光加工设备的快速发展,主要发达国家有序地推进激光行业的发展。例如,美国成立了精密激光机械加工协会、德国制定了激光发展计划、日本编制了激光研究五年计划等。国家层面的推动促进了激光行业的发展,同时激光应用的发展提升了各国的先进制造业的发展水平。

2. 国内激光加工设备行业现状

我国制造业的结构调整与转型升级为激光加工设备提供了广阔的市场,尤其在汽车、轨道交通及钣金加工等行业中,激光技术的应用日益普遍。国内激光上市公司中,呈现出以少数上市公司为龙头、多家中小市值激光企业共同竞争的行业格局。在业务内容上,大多数企业集中于激光加工设备的研发与集成,并提供一定的加工服务。激光加工设备市场作为激光产业的一个重要的细分领域,国内激光加工设备制造企业的市场份额持续提升。

1.3 先进激光制造设备发展趋势

1. 数控化和多功能化

激光加工设备把激光器与计算机数控技术、先进的光学系统,以及高精度和自动化的工件定位相结合,形成研制和生产加工中心,并把多种加工功能集于一台激光加工设备上(整机由激光器、光学系统、联动工作台、CNC 控制系统、CCD 监控系统、制冷系统、光纤传输系统、激光指示系统和密闭气室装置等组成,具有焊接、切割、打孔和简单标记等多种功能),其已成为激光加工设备发展的一个重要趋势,如国内生产的 JHM-IGY-400/SOOB 多功能激光加工机。国外已把激光切割和模具冲压两种加工方法组合在一台机床上,制成激光冲床,它兼有激光切割的多功能性和冲压加工的高速、高效的特点,可完成复杂的切割、打孔、打标、划线等加工。激光易于导向、聚焦和实现方向变换,相对于传统的加工手段而言,激光加工更容易控制,易与数据系统结合,实现高精度、高效率加工。

2. 小型化和集成化

国外 YAG 激光器的重复频率已达 2000 Hz。激光加工设备已向小型化和集成化方向发展。高功率激光器的功率达到上万瓦。

3. 激光+自动化配套成大趋势

自动化水平持续提升,激光+自动化配套成大趋势。机器人产业发展已提升至各国国家战略的层面,全球智能制造迎来了巨大的市场机遇。由于激光加工设备工作过程具有智能化、标准化、连续性等特点,通过自动化配套设备可以提高产品质量、提高生产效率、节约人工成本等,未来激光+自动化配套设备的系统集成需求将变大。

4. 精密加工水平持续提升

目前,激光加工的精度已经发展至微米乃至纳米级别,作用时间可以达到纳秒和皮秒级别。激光加工设备的重要指标包括输出功率、频率分布与脉宽等。输出功率为单位时间内激光输出能量的大小,代表激光的强度。频率分布为激光中不同频率分量的强度。脉宽为激光器能量输出的持续时间。根据输出脉宽的不同,激光器可分为纳秒、皮秒、飞秒等不同级别。

2

先进激光制造设备相关知识

2.1 激光加工设备基本结构

激光加工设备通常由激光器、光路系统、控制系统、辅助系统等组成,其结构框图如图2.1所示。激光器先进技术水平(如激光脉冲频率高低)、激光加工设备自动化水平是影响激光加工生产效率的关键因素。激光加工的精密特征优势,促使行业通过研发更为先进的激光器、优化机械设计、提高自动化水平或优化控制软件等方式不断突破激光加工生产效率的瓶颈,逐步实现较大规模的激光加工生产需求。激光加工精度达到微米乃至纳米级别,能够满足工业化大规模自动化生产要求的激光刻蚀技术等先进技术成为了激光加工行业未来的重要发展方向。

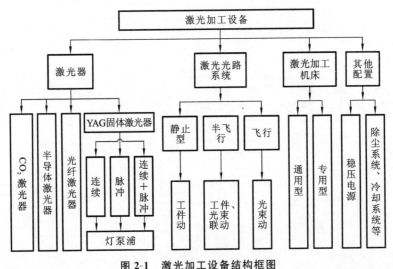

图 2-1 激光加工设备结构框图

激光加工设备是以激光作为光源的一种加工设备,其可对材料(包括金属与非金属)进行切割、焊接、表面处理、打孔、微加工。

2.1.1 激光器

激光器是整个激光加工系统的核心,主要作用是提供激光光源。激光器的种类很多,大多数激光器由激励系统、激光物质和光学谐振腔三部分组成。激励系统就是产生光能、电能或化学能的装置。目前使用的激励手段主要是光照射、通电或化学反应等。激光物质是能够产生激光的物质,如红宝石、钕玻璃、氦气、二氧化碳、半导体、有机染料等。光学谐振腔可用来加强输出激光的亮度,调节和选定激光的波长和方向。

1. 激光器的基本结构

工作物质是激光器的核心,是激光器产生光的受激辐射放大作用的源泉。泵浦源为在工作物质中实现粒子数反转分布提供能源。工作物质的类型不同,采用的泵浦方式就不同。光学谐振腔为激光振荡的建立提供正反馈,谐振腔的参数影响输出激光束的质量。最常用的是由两个球面镜(或平面镜)构成的共轴球面光学谐振腔,简称共轴球面腔。其中,平面镜看作是曲率半径无穷大的球面镜。常见的共轴球面腔有平行平面腔、双凹面腔和平面凹面腔三种。

2. 激光器的分类

激光器是利用受激辐射原理使光在某些受激发的物质中放大或振荡发射的器件。要实现粒子数反转,就需要借助外来的力量,使大量原来处于低能级的粒子跃迁到高能级上,这个过程称为激励。用光、电及其他办法对物质进行激励,使得其中一部分粒子激发到能量较高的状态,当这种状态的粒子数大于能量较低状态的粒子数时,由于受激辐射,物质就能对某一波长的光辐射产生放大作用,也就是这种波长的光辐射通过物质时,会发射出强度放大并与入射光波位、频率和方向一致的光辐射,这种装置称为激光放大器。若把激发的物质放置于共振腔内,光辐射在共振腔内沿轴线方向反复反射传播,多次通过物质,光辐射被放大许多倍,形成一束强度大、方向集中的激光光束,这就是激光振荡器。激光器的分类如表 2-1 所示。

表 2-1 激光器的分类

分类方式	备 注
工作方式	连续激光器、脉冲激光器
激光技术的应用	调 Q 激光器、锁模激光器、稳频激光器、可调激光器等
谐振腔腔型	非稳腔激光器、平面腔激光器、球面腔激光器等
工作物质	固体激光器、半导体激光器、气体激光器、液体激光器、光纤激光器

常见的激光器有以下几种。

(1) 固体激光器:一般小而坚固,脉冲辐射功率较高,输出能量大,峰值功率高,结构紧凑,牢固,耐用,因此,固体激光器得到了广泛应用。固体激光器的结构如图 2-2 所示。

(2) 半导体激光器:体积小、重量轻、寿命长、结构简单,特别适合在飞机、军舰、车辆和宇宙飞船上使用。半导体激光器可以通过外加的电场、磁场、温度、压力等改变激光的波长,能将电能直接转换为激光能,所以其发展迅速。半导体激光器及其结构如图 2-3 所示。

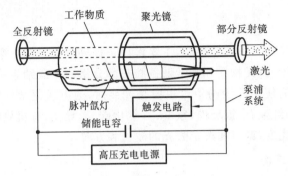

图 2-2　固体激光器的结构

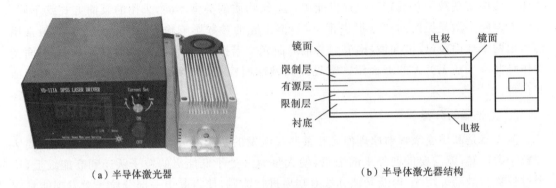

（a）半导体激光器　　　　　　　　　　　　（b）半导体激光器结构

图 2-3　半导体激光器及其结构

（3）气体激光器:以气体为工作物质,单色性和相干性较好,激光波长可达数千种。气体激光器结构简单、造价低廉、操作方便,在工农业、医学、精密测量、全息技术等方面应用广泛。气体激光器有电能、热能、化学能、光能、核能等多种激励方式。CO_2 激光器及其结构如图 2-4 所示。

（4）染料激光器:以液体染料为工作物质的染料激光器于 1966 年问世,广泛应用于各种科学研究领域。现在已发现的能产生激光的染料有 500 种左右。这些染料可以溶于酒精、苯、丙酮、水或其他溶液,还可以包含在有机塑料中以固态形式呈现,或升华为蒸气以气态形式出现。染料激光器也称为液体激光器。染料激光器的突出特点是波长连续可调。染料激光器种类繁多、价格低廉、效率高,输出功率可与气体激光器和固体激光器相媲美,应用于分光光谱、光化学、医疗和农业等方面。

（5）光纤激光器:用掺稀土元素玻璃光纤作为增益介质,广泛应用于各种科学研究领域。光纤激光器可在光纤放大器的基础上开发出来,在泵浦光的作用下光纤内极易形成高功率密度,造成激光工作物质的激光能级粒子数反转,适当加入正反馈回路(构成谐振腔)便可形成激光振荡输出。光纤激光器如图 2-5 所示。

光纤是以 SiO_2 为基质材料拉成的玻璃实体纤维,其导光原理是利用光的全反射原理,即当光以大于临界角的角度由折射率大的光密介质入射到折射率小的光疏介质时,将发生全反射,入射光全部反射到折射率大的光密介质,折射率小的光疏介质内将没有光透过。普通

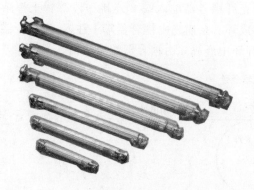
（a）低功率CO_2激光器

（b）大族激光CST5000Q高功率轴快流CO_2激光器

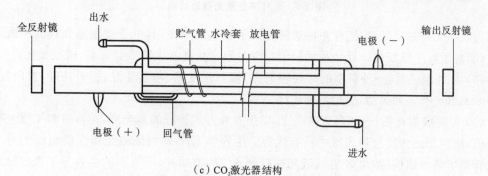
（c）CO_2激光器结构

图 2-4　CO_2激光器及其结构

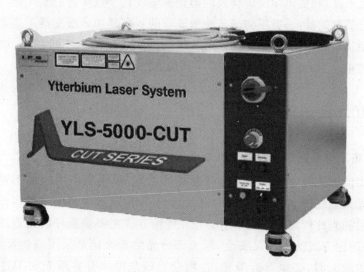

图 2-5　光纤激光器

裸光纤一般由折射率大的玻璃芯、折射率小的硅玻璃包层和加强树脂涂层组成。光纤按传播模式可分为单模光纤和多模光纤。单模光纤的芯径较小，只能传播一种模式的光，其模间色散较小；多模光纤的芯径较大，可传播多种模式的光，但其模间色散较大。光纤按折射率分布的情况可分为阶跃折射率（SI）光纤和渐变折射率（GI）光纤。利用 2×2 光纤耦合器可以构成光纤环形激光器,其结构如图 2-6 所示,将光纤耦合器输入端 2 连接一段掺稀土掺杂光纤,再将掺杂光纤与耦合器输出端 4 连接,从而成环。泵浦光由耦合器端 1 注入,经耦合器进入光纤环并泵浦其中的掺稀土离子,激光在光纤环中形成并由耦合器端 3 输出。

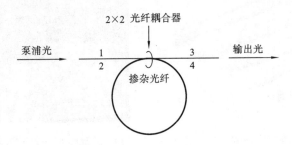

图 2-6 光纤环形激光器的结构

当泵浦光通过光纤时,光纤中的掺稀土离子吸收泵浦光,其电子被激励到较高的激发能级上,实现了粒子数反转。反转后的粒子以辐射形式从高能级转移到基态,输出激光。

(6)红外激光器:一种新型的红外辐射源,辐射强度高、单色性好、相干性好、方向性强。红外激光器已有多种类型,应用范围广泛。

(7)X 射线激光器:一种具有高亮度、以短脉冲方式运行的激光器,在科研和军事上有重要价值,应用于激光反导弹武器中具有优势。生物学家用 X 射线激光研究活组织的分子结构或详细了解细胞机能;用 X 射线激光拍摄分子结构的照片,所得到的生物分子像的对比度很高。

(8)化学激光器:利用化学反应释放的能量来实现粒子数反转的激光器。

(9)自由电子激光器:一类不同于传统激光器的新型高功率激光器。这类激光器比其他类型的激光器更适合于产生高功率的辐射。它的工作机制与众不同,它从加速器中获得几千万伏高能调整电子束,经周期磁场,形成不同能态的能级,产生受激辐射。

2.1.2 激光光路系统

1. 激光光路系统的原理

激光器输出的激光光束需经光路系统传输和处理,以满足不同的加工要求。激光光路系统包括激光光束直线传输信道、光束的折射系统、聚焦或散射系统。直线传输信道主要用于进行镜的反射和光纤传输。现在采用的光纤传输方式主要是紫外波至近红外波范围内的光波传输,这种传输方式既方便又安全,但大部分光路系统还是采用镜的反射,在使用该方法传输高能量的激光时,必须遮蔽激光,否则会造成危险。有些激光加工过程(如切割、焊接、打孔、切削等)要求将激光光束聚焦,以得到高的功率密度。有些激光加工过程(如热处理、涂敷、合金制成等)则要求在一特定形状的光斑内有均匀的能量分布,以得到大而均匀的加工面。在低功率系统中多采用透镜来进行聚焦或散射,但在高功率系统中则多采用金属反射和折射系统,以免产生热透镜效应。有些激光加工过程采用激光光束移动的加工方法,要使激光光束能受控地移动,还要在光路系统中加入机械传动部分。

2. 理想激光光学系统

任意空间大小的物体以任意宽的光束入射均能成完整的像的光学系统称为理想光学系统。理想光学系统具有以下成像性质。

(1) 物空间的每个点在像空间必有一个点与之对应,且只有一个点与之对应(点成点像)。

(2) 物空间的每条直线在像空间中必有一条直线与之对应,且只有一条直线与之对应(线成线像)。

(3) 物空间的每个平面在像空间中必有一个平面与之对应,且只有一个平面与之对应(平面成平面像)。

3. 实际激光加工情况

实际激光加工系统中,加工头和导光系统可以固定不变,也可以运动(飞行光路系统)。由于光程的变化,飞行光路系统在整个加工区会出现光直径、聚焦光斑大小、焦深和焦点位置发生变化的情况,从而使得加工质量不均匀,因此,可以采用补偿光路的办法以保持光程恒定不变。激光点焊的光路系统如图 2-7 所示。

图 2-7 激光点焊的光路系统

4. 激光光路系统分类

激光光路系统按照工作方式可以分为脉冲光路系统和连续光路系统。连续光路系统的激光输出是连续的,脉冲光路系统的激光输出是不连续的。商用脉冲激光的脉冲最短能到几飞秒量级,所以脉冲激光常用于测量超快的物理过程。但是连续激光也有好处,经过稳频,可以得到很窄的线宽,能用于激光测距。

脉冲就是隔一段相同的时间发出的波(电波、光波等)。激光脉冲指的是采用脉冲工作方式的激光器发出的一个光脉冲,简单来说,好比手电筒的工作一样,一直合上开关就是连续工作,合上开关又立刻关掉开关就是发出了一个光脉冲。采用脉冲方式工作有它的必要性,比如发送信号、减少热的产生等。激光脉冲能做到特别短,如皮秒级别。

连续激光工作方式指激光泵浦源持续提供能量,长时间地产生激光输出,从而得到连续激光。脉冲激光工作方式指每间隔一定时间才工作一次的方式。脉冲激光器具有较大的输出功率,适用于激光打标、切割、测距等。

常见的脉冲激光器有钇铝石榴石(YAG)激光器、红宝石激光器、蓝宝石激光器、钕玻璃激光器、氮分子激光器、准分子激光器等。

2.1.3　激光加工机床

激光加工机床是承载加工件并使加工件与激光光束做相对运动而进行加工的机器,如图 2-8 所示。加工精度在很大程度上取决于加工机床的精度和激光光束运动时可调节的精度。激光光束运动的调节和加工机的运动轨迹都是靠数控系统来控制的。加工机床需要有良好的数控系统,以及可靠的检测、反馈系统才可以生产出精确的产品。激光加工机床的形式很多,甚至可以配合其他技术,如配合机械人技术或配合五轴机床激光加工技术,这可大大提高激光加工的可能性。

图 2-8　激光加工机床

2.1.4　其他配置

激光加工工作台分为手动工作台、升降工作台和旋转工作台,如图 2-9 所示。

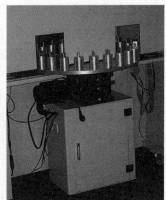

（a）手动工作台　　　　　　（b）升降工作台　　　　　　（c）旋转工作台

图 2-9　激光加工工作台

在高功率激光加工设备中,还需要稳压电源、除尘系统、冷却系统、视觉系统等。视觉系统的作用有定位、识别、检测。

计算机视觉检测采用 CCD 摄像机来扫描物体表面,并将获得的图像信号输入计算机,通过图像预处理、缺陷区域的边缘检测、缺陷图像二值化等图像处理后,提取图像中的表面缺陷的相关特征参数,再进行缺陷图像识别,从而判断出是否存在缺陷及缺陷的种类信息等,计算机视觉检测系统广泛应用于激光加工设备,工业生产中的激光加工视觉系统如图 2-10 所示。

图 2-10 工业生产中的激光加工视觉系统

图 2-11 所示的是激光加工视觉检测流程,包括图像采集、图像处理与显示、分析与诊断等步骤。那么,激光加工视觉检测是如何准确地分割出缺陷目标的呢?图像目标分割方法大多是为特定应用设计的,具有较强的针对性和局限性。缺陷分割指将感兴趣的缺陷目标从被测表面的背景信息(如颜色、轮廓、亮度、形状)中分离出来,使缺陷直接成为分析和处理对象,它是视觉检测的关键。缺陷分割是后续缺陷分析判别的基础,若分割中出现错误或误差并传播给了后续的图像分析,将导致检测错误或失败。

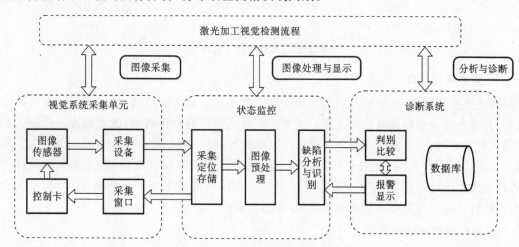

图 2-11 激光加工视觉检测流程

2.2 激光与材料的相互作用

1. 物理过程

激光作用到被加工材料上,光波的电磁场与材料相互作用,这一相互作用的过程主要与激光的功率密度、激光的作用时间、材料的密度、材料的熔点、材料的相变温度、激光的波长,以及材料表面对该波长激光的吸收率、热导率等有关。激光使材料的温度不断上升,当作用区光吸收的能量与作用区输出的能量相等时,达到能量平衡状态,作用区温度将保持不变,否则作用区温度将继续上升。这一过程中,激光作用时间相同时,光吸收与输出的能量的差越大,作用区温度上升得越快;激光作用条件相同时,材料的热导率越小,作用区与其周边的温度梯度越大;能量差相同时,材料的比热容越小,作用区温度越高。

激光的功率密度、作用时间、作用波长不同,或材料本身的性质不同,作用区温度的变化就不同,则作用区内材料的材质状态的变化不同。对有固态相变的材料,可以用激光加热来实现相变硬化。对所有的材料,可以用激光加热使材料处于液态、气态或者等离子体等不同状态。激光热加工过程如 2-12 所示,将一定功率的激光光束聚焦于被加工物体上,使激光与物质相互作用,经历加热、熔化、喷出等过程。

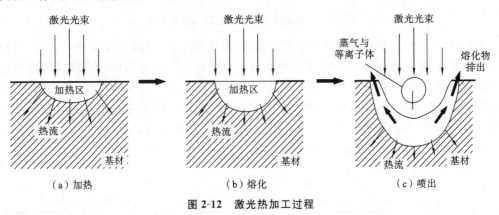

图 2-12 激光热加工过程

2. 能量变化规律

激光照射到材料上,要满足能量守恒定律,激光在材料内部传播时,强度按指数规律衰减,其衰减程度由材料的吸收率决定。通常定义激光在材料中传播时,激光强度下降到入射光强度的 $1/e$ 时,对应的深度为穿透深度。吸收率与材料的种类、激光入射波长等有关。当激光强度达到足够高时,强激光与物质作用使物质的折射率发生变化,激光光束中间强度高、两边强度迅速下降的高斯分布使材料中光通过区域的折射率产生中间大、两边小的分布,因此材料会出现类似透镜的聚焦现象,称为自聚焦。

3. 材料对激光的吸收率

材料对激光的吸收率主要与激光作用波长、材料温度、入射光偏振态、激光入射角和材料表面状况有关。吸收率是波长的函数,根据吸收率随波长变化规律的不同,把吸收率与波长有关的吸收称为选择吸收,与波长无关的吸收称为一般吸收或普遍吸收。例如,半导体材料锗(Ge)对可见光不透明,吸收率高,但对 10600 nm 的红外光是透明的,因此锗可以用于制作激光器的输出腔镜。在可见光范围内,普通光学玻璃的吸收率都较低,基本不随波长变化,属于一般吸收,但普通光学玻璃对紫外光和红外光则表现出不同的选择性吸收。有色玻璃具有选择性吸收特性,红玻璃对红光和橙光吸收少,而对绿光、蓝光和紫光几乎全部吸收,所以当白光照到红玻璃上时,只有红光能透过去,看到它是红色的。

金属在一般情况下对波长较长的激光的初始吸收率较低,例如,在进行激光切割时,YAG 激光对金属的初始吸收率就比 CO_2 激光的高。室温下氩离子激光(488 nm)、红宝石激光(694.3 nm)、YAG 激光(1064 nm)和 CO_2 激光(10600 nm)作用时,多种光洁表面材料的吸收率如表 2-2 所示。

表 2-2　室温下不同波长激光作用时多种光洁表面材料的吸收率

材料	氩离子激光	红宝石激光	YAG 激光	CO_2 激光
	488 nm	694.3 nm	1064 nm	10600 nm
铝(Al)	0.09	0.11	0.08	0.019
铜(Cu)	0.56	0.17	0.10	0.015
金(Au)	0.58	0.07	—	0.017
铁(Fe)	0.68	0.64		0.035
铅(Pb)	0.38	0.35	0.16	0.045
镍(Ni)	0.58	0.32	0.26	0.030
铂(Pt)	0.21	0.15	0.11	0.036
银(Ag)	0.05	0.04	0.04	0.014

4. 激光入射角的影响

激光入射角影响材料对激光的吸收和反射。

5. 入射偏振态的影响

介质表面对激光的反射率既与光波的入射角有关,又与光波的偏振态有关。若入射的激光为垂直于入射面的线偏振光,则反射率 R 随入射角的增大而增大,吸收率 α 就随入射角的增大而减小;若入射的激光为平行于入射面的线偏振光,则反射率 R 随入射角的增大而减小,吸收率 α 就随入射角的增大而增大。当达到布儒斯特角时,反射率 R 为零,吸收率 α 最大。这一特点可以应用于不加涂层直接用激光对材料进行表面处理的情况。对于不同的材料,由于折射率 n 不同,将有不同的布儒斯特角。

6. 可能应用和影响

激光加工是利用激光光束与物质相互作用的特性对材料(包括金属与非金属)进行切割、焊接、表面处理、打孔、微加工的。激光的空间控制性和时间控制性很好,对加工对象的材质、形状、尺寸和加工环境的自由度都很大。热加工和冷加工均可应用于金属和非金属材料的切割、打孔、刻槽、标记等。热加工对金属材料进行焊接、表面处理、合金生产和切割都很合适。冷加工则对光化学沉积、激光快速成形、激光刻蚀、掺染和氧化都很合适。各种参数下激光加工的可能应用和影响如图 2-13 所示。

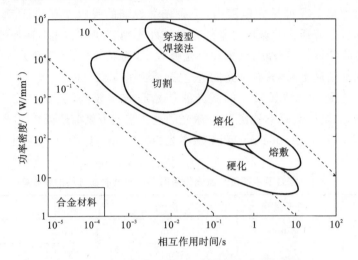

图 2-13　各种参数下激光加工的可能应用和影响

2.3　激光光束参数

激光的基本参数对激光质量的评价起着决定性的作用,然而,评价激光质量往往不能仅考虑一个参数,而需要考虑多个评价参数。特别是高功率激光系统是非常复杂的,还需要对复杂的光学系统实施全程激光质量控制。普遍应用的激光的质量评价参数主要有激光光束质量 M^2 因子、K 因子、激光功率、聚焦光斑尺寸、远场发散角、衍射极限倍数因子、桶中功率及斯特列尔比等。

激光光束质量是衡量激光优劣的一项重要指标。历史上对激光光束质量有多种定义,针对不同的应用目的提出过不同的评价方法。而激光光束质量 M^2 因子在无光阑限制的近轴光学系统中由激光光束自身的分布特性唯一确定,与光学系统参数无关,且同时反映激光光束的近场和远场特性,在数学上又具有严密性,所以在某些情况下,它是评价激光质量好坏的一个重要参数。M^2 因子定义为

$$M^2 = \left| \frac{D_S \times \theta}{D_{Gauss} \times \theta_G} \right| \tag{2-1}$$

其中,D_S 为实际激光光束束腰直径;D_{Gauss} 为理想基模高斯光束束腰直径;θ 和 θ_G 分别称为实际激光光束和理想基模高斯光束的远场发散角。

激光光束在空间域中的束宽和空间频率域中的角谱宽度(远场发散角)的乘积,称为激光光束的空间束宽积,也称为激光光束参数乘积 BPP,即

$$BPP = R\theta \tag{2-2}$$

其中,R 为实际激光光束束腰半径。$M^2 = 1$ 时,激光光束为理想基模高斯光束,理想情况下,高斯光束在通过无像差和无衍射效应的聚焦光学系统或扩束系统时,M^2 因子是一个不变

量。对于理想基模高斯光束,有

$$\theta_G = \frac{\lambda}{\pi R_{Gauss}} \tag{2-3}$$

$$M_G^2 = \frac{R \times \theta}{R_{Gauss} \times \theta_G} = \frac{BPP \cdot \pi}{\lambda} \tag{2-4}$$

其中,R_{Gauss} 为理想基模高斯光束束腰半径;λ 为常数。

根据 M^2 因子的定义式可得:M^2 因子能够反映出实际激光光束的光束参数乘积与理想基模高斯光束的光束参数乘积的偏移量,因此,M^2 因子的值越大,实际激光光束相对于理想基模高斯光束的发散就越大,相应的激光光束质量就会越差。K 因子为 M^2 因子的倒数,即 $K = \frac{1}{M^2}$。

2.4　激光加工分类

随着激光加工技术的不断发展,其应用越来越广泛,其加工领域、加工形式多种多样,但就其本质而言,激光加工是让激光光束与材料相互作用而引起材料在形状或组织性能方面的改变。激光加工按照加工方式可分为不同类型,激光加工分类如图 2-14 所示。

1. 激光材料去除加工

在生产中常用的激光材料去除加工有激光打孔、激光切割、激光打标、激光毛化、激光雕刻、激光调阻、激光清洗、激光珩磨和激光刻蚀等。

下面介绍三种常用的激光材料去除加工。

(1)激光打孔是最早在生产中得到应用的激光加工技术。用光学系统可以把激光聚焦成直径很微小的光点,这相当于用来打孔的微型钻头。激光的亮度很高,在聚焦的焦点上激光的能量密度很高。普通一台激光器输出的激光,产生的能量就可以高达 1×10^9 J/cm^2,足以让材料熔化并汽化,在材料上留下一个小孔,就像是钻头钻出来的。但激光钻出的孔是圆锥形的,而不是机械打孔的圆柱形,这在有些地方的应用是很不方便的。激光打孔已成为一项拥有特定应用的加工技术,主要运用在航空航天与微电子行业中。

(2)激光切割具有切缝窄、热影响区小、切边洁净、加工精度高、光洁度高等特点,其是一种高速、高能量密度和无公害的非接触加工方式。激光切割广泛应用于金属和非金属材料的加工中,可以减少加工时间,降低加工成本,提高工件质量。脉冲激光适用于金属材料,连续激光适用于非金属材料,后者是激光切割的重要应用领域。

(3)激光刻蚀比传统的化学刻蚀工艺简单,可大幅降低生产成本,可加工 $0.125 \sim 1$ μm 宽的线,非常适用于超大规模集成电路的制造。

2. 激光材料增材加工

激光材料增材加工主要包括激光焊接、激光复合焊接、激光钎焊、激光烧结和激光快速成形。下面介绍两种常用的激光材料增材加工。

(1)激光焊接指将激光光束照射在材料上,把材料加热至熔化,使对接在一起的组件接

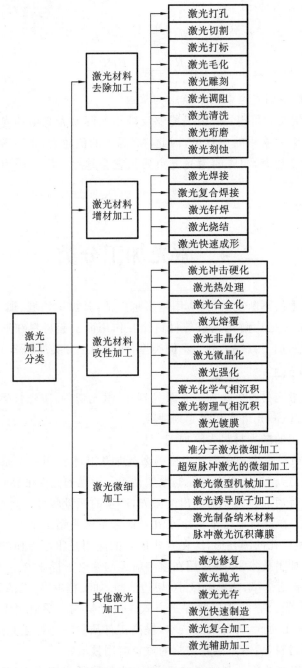

图 2-14 激光加工分类

合在一起。激光焊接时,利用比切割金属时功率小的激光光束使材料熔化而不使其汽化,在冷却后成为一块连续的固体结构。激光焊接具有溶池净化效应,能纯净焊缝金属,适用于金属材料间的焊接。激光的能量密度高,对高熔点、高反射率、高导热率和物理特性相差很大的金属焊接特别有利。

(2)激光快速成形是由激光加工技术引发的一种新型制造技术,又称为 3D 打印,它是利用材料堆积法制造实物产品的一项高新技术。激光制造模型时用的材料是液态光敏树脂，它在吸收了紫外波段的激光能量后便发生凝固，变成固体材料。把要制造的模型编成程序，输入到计算机。用计算机控制光路系统，使激光器输出来的激光光束在模型材料上扫描刻划，激光光束所到之处，液态的材料凝固起来。激光光束在计算机的控制下扫描刻划，将光敏聚合材料逐层固化，精确堆积出样件，制造出模型。所以用激光快速成形制造模型，速度快，制造出来的模型精致。该技术已在航空航天、电子、汽车等工业领域得到了广泛应用。

3. 激光材料改性加工

激光材料改性加工主要有激光冲击硬化、激光热处理、激光合金化、激光熔覆、激光非晶化、激光微晶化、激光强化、激光化学气相沉积、激光物理气相沉积和激光镀膜等。

4. 激光微细加工

激光微细加工起源于半导体制造工艺，是指加工尺寸在微米级范围内的加工。激光微细加工主要包括准分子激光微细加工、超短脉冲激光的微细加工、激光微型机械加工、激光诱导原子加工、激光制备纳米材料、脉冲激光沉积薄膜。纳米级微细加工也称为超精细加工。目前激光微细加工已成为研究热点和发展方向。

5. 其他激光加工

激光加工在其他领域中的应用有激光修复、激光抛光、激光光存、激光快速制造、激光复合加工及激光辅助加工等。

激光打标设备

激光打标设备是激光在工业领域中应用最早、最广泛、最成熟的设备之一，已经取代了许多传统的标记工艺，激光打标的产品出现在人们生产、生活中的各个方面。

3.1 激光打标基本知识

3.1.1 激光打标原理

激光打标利用聚焦的高功率密度激光光束照射工件表面，使工件表面迅速汽化或发生颜色变化，通过激光光束与工件的相对运动，在工件表面刻出所需的文字或图案，形成永久防伪标志。图 3-1 所示的是激光打标设备光路图及实物图。激光打标设备主要分为 CO_2 激光打标设备、半导体激光打标设备、光纤激光打标设备和 YAG 打标设备，激光打标设备主要

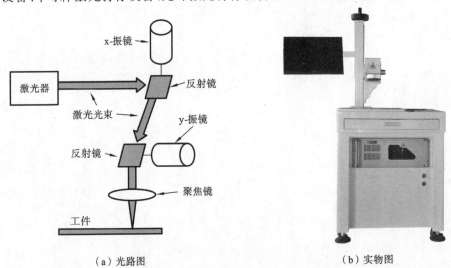

（a）光路图　　　　　　　（b）实物图

图 3-1　激光打标设备光路图及实物图

应用于一些对精度要求高的场合。

3.1.2　激光打标设备分类及特点

激光打标设备按被加工材料的不同,分为金属打标设备和非金属打标设备。金属打标设备比较典型的代表有输出波长为 1064 nm 的光纤激光打标设备,其对大多数金属材料均有较好的加工效果,对部分非金属材料也有较好的加工效果。非金属打标设备比较典型的代表有输出波长为 $10.6~\mu m$ 的射频激励 CO_2 激光打标设备,其输出波长较长,对木材、皮革、塑料等非金属材料有较好的加工效果。图 3-2 和图 3-3 所示的分别是光纤激光打标设备和射频激励 CO_2 激光打标设备。

 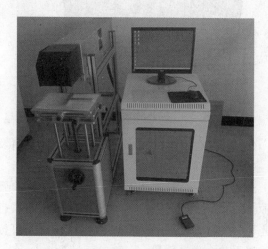

图 3-2　光纤激光打标设备　　　　　　图 3-3　射频激励 CO_2 激光打标设备

激光打标设备按所使用的激光器不同,分为 YAG 激光打标设备、半导体侧泵激光打标设备、半导体端泵激光打标设备、绿光激光打标设备、紫外激光打标设备、光纤激光打标设备、CO_2 激光打标设备、皮秒激光打标设备等。激光打标加工一般都是热加工,利用高功率密度激光将材料进行汽化,如光纤激光打标、CO_2 激光打标等。然而,有些激光打标加工并不是将材料进行汽化,而是利用激光光子直接打断材料的分子键,这个加工几乎没有热影响区,因此被称为冷加工,如紫外激光打标、皮秒激光打标等。图 3-4 和图 3-5 所示的分别是紫外激光打标设备和皮秒激光打标设备。

3.1.3　激光打标技术的发展及应用

激光打标技术的发展跟激光器技术性能的提高紧密相连。激光打标技术作为一种先进制造技术,具有如下特点。

（1）精度高:激光打标出来的线宽很窄。一般,人头发的直径是 0.07 mm,激光打标出来的线宽只有头发直径的七分之一,可达到 0.01 mm。

（2）速度快:激光打标速度可达 12000 mm/s,每秒可标刻 1000 个字符。

（3）非接触式：激光打标为非接触式加工，不存在工具磨损，无机械应力。

（4）加工灵活、自动化程度高：激光打标可实现任意形状及文字的雕刻，可自动跳号，方便与自动化流水线相配合，实现批量化生产。

图 3-4　紫外激光打标设备

图 3-5　皮秒激光打标设备

（5）材料适用性广：激光打标可对金属材料及大部分非金属材料进行打标。

（6）无耗材、无污染，标记效果具有永久性。

激光打标是一种非接触式、无污染、高效的新型标记工艺，在大部分产品上面已经取代了原来的喷码、气动打标、钢印等工艺。在金属打标领域，激光打标技术的发展是随着新型激光器的发展而发展的。根据激光器在激光打标技术中的应用，可简单地将激光打标技术分为以下几个发展阶段。

1. 灯泵浦阶段

早期的激光打标设备是采用氪灯泵浦 YAG 激光工作物质的灯泵浦激光器作为激光光源，一般其输出激光功率为 50 W，整机功率为 6 kW 左右。灯泵浦激光打标设备如图 3-6 所示。灯泵浦激光打标设备转换效率低、产生热量多、需要配备大功率冷却系统、功耗大、体积大，且氪灯使用寿命短（只有几百小时）。随着后续半导体激光技术的逐渐成熟，在打标领域，半导体泵浦激光器逐步取代了灯泵浦激光器，激光打标进入了半导体泵浦阶段。

2. 半导体泵浦阶段

半导体泵浦激光打标技术在国内兴起于 2008 年初，当时国内半导体侧泵模块制造技术已经比较成熟，价格只有同类进口产品的三分之一。市场需求进一步扩大，价格也随之下降，到 2009 年末，国内半导体侧泵激光打标设备基本上已经完全取代了灯泵浦激光打标设备，且基本上都是采用国产侧泵模块。半导体侧泵激光打标设备使用波长为 808 nm，采用泵浦 YAG 激光工作物质的半导体激光器，一般其输出激光功率为 50 W，整机功率为 1500 W 左右。半导体侧泵激光打标设备与灯泵浦激光打标设备相比，能耗低、转换效率高、体积小，且半导体激光器的使用寿命长达十万小时，使用和维护成本较低。

与半导体侧泵激光打标技术同时发展起来的还有半导体端泵激光打标技术，由于一般

图 3-6 灯泵浦激光打标设备

的激光打标设备制造企业无法自行生产端泵激光器,端泵激光器输出功率不高且稳定性比侧泵激光器的要差些,价格也比侧泵激光器贵,因此市场上的占有率不高。

半导体侧泵激光打标设备和半导体端泵激光打标设备分别如图 3-7 和图 3-8 所示。

图 3-7 半导体侧泵激光打标设备

图 3-8 半导体端泵激光打标设备

3. 光纤激光器阶段

在激光打标领域,光纤激光器在 2000 年左右时就已经有应用,当时光纤激光器完全由国外垄断,价格非常昂贵,因此国内用户非常有限。随着国内光纤激光技术的突破,2012 年左右,国产光纤激光器推向市场。国产光纤激光器以质优价廉、完善的售后赢得了国内市场的认可。

光纤激光打标设备的一般输出激光功率为 20 W,整机功率为 500 W 左右。光纤激光打标设备具有整机功耗低、输出光束质量好、体积小、性能稳定、免维护等优点,在激光打标设备领域已成为主流产品,现在各个激光打标设备制造企业主推的都是光纤激光打标设备。标准型光纤激光打标设备和便携式光纤激光打标设备分别如图 3-9 和图 3-10 所示。

图 3-9 标准型光纤激光打标设备

图 3-10 便携式光纤激光打标设备

4. 精细激光打标阶段

固体紫外激光技术、皮秒激光技术、飞秒激光技术近年来得到了不断发展,在工业应用中越来越受到重视。固体紫外激光具有波长短、重复频率高、脉宽窄、能被大多数材料吸收等特点,特别是在国内 3W 固体紫外激光技术成熟后,其在激光打标领域,特别是一些特殊材料打标方面表现出了显著优势,获得了较好的应用。

固体紫外激光具有理想的波长和强激光脉冲能量,在对材料的加工过程中,由于其光子的能量大于加工材料的化学键能量,因此光子可以直接与化学键相互作用,从而引起化学键的迅速解离来实现材料的去除,光子直接与化学键相互作用,使未加工区域不受热影响,因此这种加工过程被称为冷加工。

皮秒激光是超短脉冲激光的一种,常见的激光打标脉宽一般都是纳秒量级。皮秒激光具有非常高的峰值功率和超短持续时间的光脉冲,与物质相互作用时,能够以极快的速度将其全部能量注入很小的作用区域,瞬间的高能量密度使淀积电子的吸收和运动方式发生变化,避免了激光线性吸收、能量转移和扩散等影响,具有超高精度、超高空间分辨率和超高广泛性的非热熔冷处理。并且皮秒激光几乎对任何材料都能表现出相同的性能,即激光与材料的相互作用独立于激光波长。因此,皮秒激光在材料的高质量成形与精密加工方面有着极好的应用前景。

5. CO_2 激光打标阶段

CO_2 激光打标设备是最早出现的一种激光打标设备,有玻璃管型和射频管型两种。玻璃管型 CO_2 激光打标设备结构简单、维修方便、成本低,但输出为连续型激光,不具有峰值功率,打标效果较粗糙。射频管型 CO_2 激光打标设备体积小、脉冲调制性好、稳定性好、使用寿命长、光束质量好、打标效果精细,但设备价格较高。

随着工业领域逐渐进入精细加工时代,激光打标技术已被广泛应用于各种产品的生产、制造和加工领域,激光打标技术的应用如图 3-11 所示。

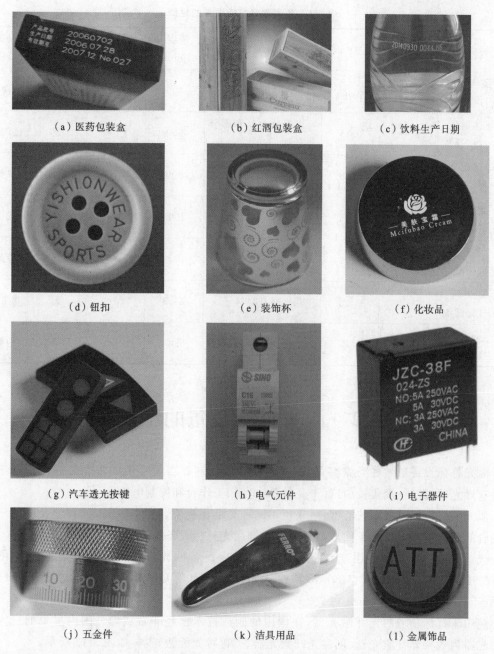

（a）医药包装盒　　　　　（b）红酒包装盒　　　　　（c）饮料生产日期

（d）钮扣　　　　　　　　（e）装饰杯　　　　　　　（f）化妆品

（g）汽车透光按键　　　　（h）电气元件　　　　　　（i）电子器件

（j）五金件　　　　　　　（k）洁具用品　　　　　　（l）金属饰品

图 3-11　激光打标技术的应用

3.1.4　各类激光打标设备性能对比

　　激光打标设备种类繁多,特别是出现了各种定制机型,但按激光器来进行分类是最常见的,不同类型的激光打标设备的性能有所差别。表 3-1 介绍了各类激光打标设备的性能。

表 3-1　各类激光打标设备的性能

种类	光束质量	线宽/mm	适用材料	速度/ (mm/s)	功耗/ kW	热影响宽度	设备价格
氪灯泵浦 YAG 激光打标设备	10~13	0.2	大部分金属和部分非金属	400	6	宽	已淘汰
半导体侧泵激光打标设备	6~8	0.15	大部分金属和部分非金属	600	2	宽	已淘汰
半导体端泵激光打标设备	1.5~1.8	0.08	大部分金属和部分非金属	800	0.5	较窄	中等
光纤激光打标设备	1.2~1.5	0.05	大部分金属和部分非金属	1000	0.5	窄	较低
紫外激光打标设备	1.5~1.8	0.02	大部分金属和非金属	1000	1.5	非常窄	较高
皮秒激光打标设备	1.2	0.03	几乎所有材料	2000	1	无	非常高
CO_2 激光打标设备	1.2	0.15	非金属	600	0.8	宽	中等

3.2　激光打标设备的结构

激光打标设备虽然种类繁多,但其基本结构都相同。当前常用的激光打标设备的主要部件有激光器、振镜、聚焦镜、打标卡及软件、电源、工作台和控制电脑。

激光器是打标设备的核心部件,采用不同种类的激光器,可制造出不同种类及应用于不同场合的激光打标设备。下面以最常见的光纤激光打标设备为例,来介绍各个部件。

光纤激光打标设备采用光纤激光器作为打标设备的光源。光纤激光器的功率可为 10 W、20 W、30 W、50 W、100 W,其按脉冲宽度分为调 Q 光纤激光器和窄脉宽光纤激光器。

应用于打标领域的光纤激光器,在国内的制造技术已经非常成熟。国内主要的三大品牌激光器为锐科光纤激光器、创鑫光纤激光器、杰普特光纤激光器,如图 3-12 所示。

下面以最常用的 20 W 调 Q 光纤激光器为例,来对比这三大品牌激光器的技术参数,调 Q 光纤激光器性能对比如表 3-2 所示。

从表 3-2 可以看出,三款光纤激光器的性能差别不大,特别是锐科激光器和创鑫激光器,二者的性能指标基本没什么差别。杰普特激光器与其他二者相比,频率可调范围要大,但脉冲宽度较宽,会造成峰值功率较低。

针对一些特殊材料的打标要求,三大品牌还各自推出脉宽可调的光纤激光器。功率为 20 W 时,窄脉宽光纤激光器性能对比如表 3-3 所示。

（a）锐科光纤激光器

（b）创鑫光纤激光器

（c）杰普特光纤激光器

图 3-12 国内主要的三大品牌激光器

表 3-2 调 Q 光纤激光器性能对比

品牌	锐科	创鑫	杰普特
型号	RFL-P20QE	MFP-20W	YDFLP-20-LP
平均输出功率/W	20	20	＞20
中心波长/nm	1064	1064	1064
频率范围/kHz	20～60	30～60	25～400
输出功率稳定度/（％）	＜3	＜5	＜5
输出光斑直径/mm	6～8	7.5	6.5～7.5
光束质量	＜1.5	1.3	＜1.3
脉冲宽度/ns	90～130	100	200
功率调节范围/（％）	10～100	10～100	0～100
冷却方式	风冷	风冷	风冷
供电方式（VDC）	24	24	24
工作温度/（℃）	0～40	0～42	0～40

表 3-3 窄脉宽光纤激光器性能对比

品牌	锐科	创鑫	杰普特
型号	RFL-P20MB	MFPT-20	YDFLP-20-M7
平均输出功率/W	20	20	>20
中心波长/nm	1064	1064	1064
频率范围/kHz	10～1000	1～2000	1～2000
输出功率稳定度/(%)	<3	<5	<5
输出光斑直径/mm	6～8	7	6.5～7.5
光束质量	<1.3	1.2	<1.3
脉冲宽度/ns	2～350	2～200	2～350
功率调节范围/(%)	10～100	0～100	0～100
冷却方式	风冷	风冷	风冷
供电方式(VDC)	24	24	24
工作温度/(℃)	0～40	0～40	0～40

从表 3-3 可以看出,三款窄脉宽光纤激光器的性能差别不大。在脉冲宽度这一指标参数方面,创鑫激光器与其他二者相比,可调范围要窄些。而在频率调节方面,锐科激光器与其他二者相比,可调范围也要窄些。一般来说,这些差别并不会对打标效果造成多大影响。

激光振镜是由 x、y 两个电机,驱动电路和两片光学反射镜片组成的,如图 3-13 所示。电脑控制端发射的信号通过驱动电路驱动电机转动,电机带动两片光学反射镜片转动,从而实现控制激光点的位置。目前激光打标设备中采用的振镜都是高速振镜,分为二维扫描振镜和三维扫描振镜。振镜制造技术已经比较成熟,国内有许多振镜品牌,如镭肯、通用、秦龙、欧亚、智博泰克等。

图 3-13 激光振镜

在选择振镜时主要参考的参数为通光孔径和激光波长。常见的通光孔径规格有 8 mm、10 mm、12 mm、14 mm、16 mm、20 mm、30 mm,激光波长为 1064 nm、10600 nm、532 nm、

355 nm。光学角度的振镜参数如表 3-4 所示。

表 3-4　光学角度的振镜参数

通光孔径/mm	10
扫描角度/rad	±0.35
非线性度/mrad	<0.5
常规追踪误差时间/ms	0.15
小步长响应时间/ms	<0.3
重复定位精度/μrad	<15
增益漂移/(ppm/k)	<50
零点漂移/(μrad/k)	<30
8 小时工作漂移(30 分钟预热后)/mrad	<0.1
标记速度/(m/s)	2.5
定位速度/(m/s)	15
电源电压/V	±15
每组电流/A	≤5
数字输入	标准 XY2-100
模拟输入/V	±5
镜片反射波长/nm	10600、1064、532、355

从表 3-4 可知,该款振镜采用±15 V 直流供电,每组电流最大为 5 A。输入信号可以采用数字信号,也可以采用模拟信号。

聚焦镜又称 F-θ 镜,如图 3-14 所示,其作用是将激光光束聚焦在整个打标平面内形成大小均匀的光斑。聚焦镜根据组合镜片的数量,可分为单片式聚焦镜和多片式聚焦镜。多片式聚焦镜具有更好的成像质量,聚焦后能获得比单片式聚焦镜更小的聚焦光斑,价格也会比单片式聚焦镜更高。在选用聚焦镜时,主要考虑的技术参数是激光波长、入射光瞳、打标范围和聚焦光斑直径。每个聚焦镜都镀有特定波长的膜,如果不在相应激光波长范围内使用,不仅容易损坏聚焦镜膜层,而且会降低激光透光率,增加激光能量损耗。入射光瞳大小的选择

图 3-14　聚焦镜

取决于入射到聚焦镜前的光斑大小。打标范围主要根据待加工产品的要求进行确定,而打标范围主要由聚焦镜焦距决定,打标范围越大,需要聚焦镜的焦距越长,而焦距越长,聚焦光斑直径越大,功率密度越小,不利于加工,因此,要综合考虑,选择合适的聚焦镜焦距。聚焦光斑直径为

$$d_0 = 2f\lambda/D$$

其中，f 为透镜焦距；λ 为激光光束波长；D 为入射激光光束直径。

激光打标卡及软件主要用来控制各个部件的工作状态。激光打标卡主要有 PCI 打标卡和 USB 打标卡两种。PCI 打标卡如图 3-15 所示，USB 打标卡如图 3-16 所示。当前光纤激光打标设备为主流的打标设备，激光打标卡基本上都是采用 USB 打标卡，激光打标卡及软件基本上采用北京金橙子品牌的。激光打标软件主界面如图 3-17 所示。

图 3-15　PCI 打标卡　　　　　　　　　图 3-16　USB 打标卡

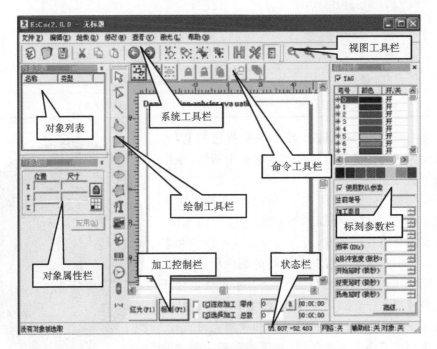

图 3-17　激光打标软件主界面

电源主要是指为各个部件提供直流供电的各种开关电源，如激光器供电电源、振镜供电电源、打标板卡供电电源等。开关电源如图 3-18 所示。

随着现在自动化程度的要求越来越高，激光打标设备除了以上几大核心部件，后续配套的部件也越来越多，如配备流水线传送带，如图 3-19 所示；加装视觉检测装置，如图 3-20 所示。加装了流水线传送带和视觉检测装置的激光打标设备如图 3-21 所示。

图 3-18　开关电源

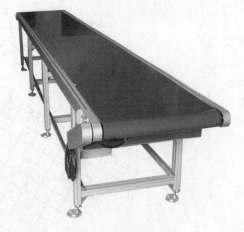

图 3-19　流水线传送带

图 3-20　视觉检测装置

图 3-21　加装了流水线传送带和视觉
检测装置的激光打标设备

3.3　三维动态激光打标设备

在实际产品加工中,许多产品表面的形状并不规则,有些产品表面高度的差别很大,普通型的激光打标设备无法满足加工要求。有些产品进行曲面打标时会加装旋转电机,但有些产品无法采用加装旋转电机的方式,此时可以采用三维动态激光打标设备。

三维动态激光打标设备采用前聚焦方式,通过软件控制和移动动态聚焦镜,在激光被聚焦前进行可变扩束,以此改变激光光束焦点的位置来实现对高度不同的物体表面的准确聚焦加工,其原理如图 3-22 所示。

三维动态激光打标设备如图 3-23 所示,三维动态激光打标设备加工的产品如图3-24所示。

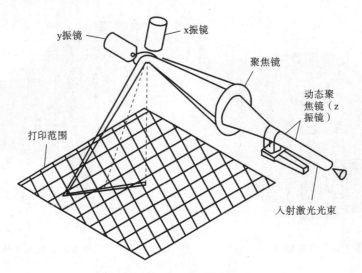

图 3-22　三维动态聚焦原理

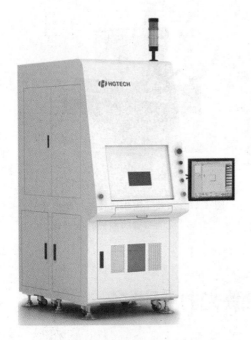

图 3-23　三维动态激光打标设备

图 3-24　三维动态激光打标设备加工的产品

3.4　常用激光打标功能介绍

激光打标设备除了能进行标刻文字和图案外，还具有标刻条形码、变量文本等功能。下面就国内最常用的北京金橙子激光打标软件中的一些主要的功能进行简单介绍。

激光打标软件主界面如图 3-25 所示。

图 3-25 激光打标软件主界面

3.4.1 文字功能

1. 文字文本

打标软件支持在工作空间内直接输入文字,文字的字体包括系统安装的所有字体,以及软件自带的多种字体。如果要输入文字,在绘制菜单中选择文字命令或者单击 图标。

在绘制菜单的文字命令下,单击鼠标左键即可创建文字对象。

选择文字命令后,属性工具栏会显示如图 3-26 所示的文字属性,在文本编辑框中可直接对文字进行修改。

打标软件支持五种类型的字体(TrueType 字体、单线字体、点阵字体、条形码字体和 SHX 字体),如图 3-27 所示。

选择字体类型后,字体列表会相应地列出当前类型的所有字体,图 3-28 所示的是 True-Type 字体列表。

2. 圆弧文本

在图 3-29 所示的圆弧文本设置对话框中选择 ☑圆弧文本 后,文本将会按照输入的圆直径进行排列,生成的圆弧文本如图 3-30 所示。

基准角度:文字对齐的角度基准。

角度范围限制:如果使用此参数,则无论输入多少文字,系统都会把文字缩在限制的角度之内。图 3-31 所示的是限制角度为 45°的不同文字对比。

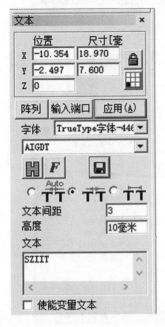

图 3-26 文字属性

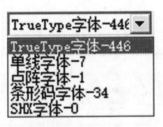

图 3-27 字体类型

图 3-28 TrueType 字体列表

图 3-29 圆弧文本设置对话框

图 3-30 生成的圆弧文本

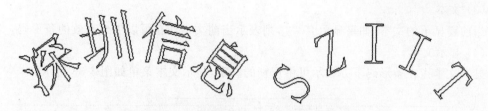

图 3-31 限制角度为 45°的不同文字对比

3.4.2 条形码功能

当选择条形码字体后,点击图标▉,系统将弹出如图 3-32 所示的条形码功能对话框。

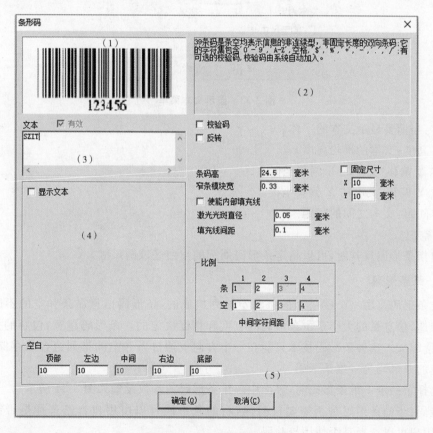

图 3-32 条形码功能对话框

(1)条形码示例图。

条形码示例图显示的是当前条形码类型对应的条形码的外观图片。

(2)条形码说明。

条形码说明显示了当前条形码的一些格式说明,如果用户对当前条形码类型的格式不清楚,可以仔细阅读条形码说明,了解应该输入什么样的文字才是合法的。

（3）文本。

当前要显示的文本，如果显示 ☑有效 ，则表示当前文本现在可以生成有效的条形码。

（4）显示文本。

显示文本指在条形码下方显示可供识别的文字，显示文本菜单如图 3-33 所示。

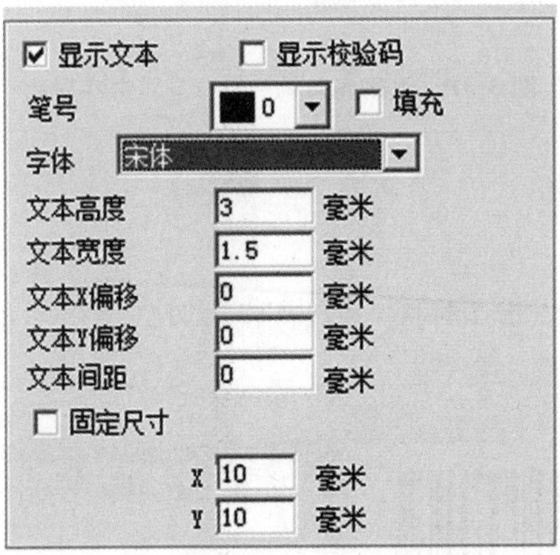

图 3-33　显示文本菜单

字体：当前要显示文本的字体。

文本高度：文本的平均高度。

文本 X 偏移：文本的 X 偏移坐标。

文本 Y 偏移：文本的 Y 偏移坐标。

文本间距：文本之间的间距。

（5）空白。

空白指条形码反转时，可以指定条形码周围的空白区域的尺寸。

1. 一维条形码

一维条形码是由一个接一个的条和空排列组成的，条形码信息靠条和空的不同宽度和位置来传递，信息量的大小是由条形码的宽度和精度决定的。条形码越宽，包容的条和空越多，信息量越大。这种条形码技术只能在一个方向上通过条和空的排列组合来存储信息，所以称对应的条形码为一维条形码。

当选择了一个一维条形码时，界面中一维条形码的参数设置如图 3-34 所示。

校验码：当前条形码是否需要校验码，有的条形码可以由用户自己选择是否需要校验码，所以用户可以选择是否使用校验码。

反转：是否反转加工，有的材料在激光标刻后是浅色，所以这时就必须选择反转。

条码高：条形码的高度。

窄条模块宽：最窄的条模块宽度，也就是基准条模块的宽度。一维条形码一般共有四种宽度的条和四种宽度的空，按照条和空的宽度从小到大用 1、2、3、4 来表示基准条模块宽度的 1、2、3、4 倍。窄条模块宽指一个基准条模块的宽度。

条 2 的实际宽度等于窄条模块宽乘以条 2 的比例。条 3、条 4 实际宽度的求取以此

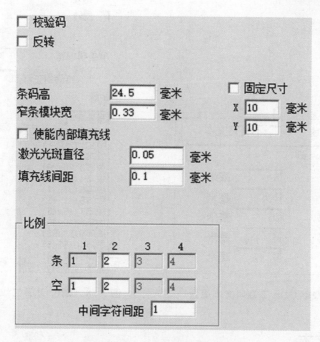

图 3-34 一维条形码的参数设置

类推。

空 1 的实际宽度等于窄条模块宽乘以空 1 的比例。空 2、空 3、空 4 实际宽度的求取以此类推。

中间字符间距：个别条形码规定字符与字符之间有一定的间距（如 Code39），该参数用来设置此值，如图 3-35 所示。

中间字符间距的实际宽度等于窄条模块宽乘以中间字符间距的比例。

空白：条形码左右两端外侧，或中间与空的反射率相同的限定区域。

空白区的实际宽度等于窄条模块宽乘以空白的比例。

2. 二维码

QRCODE 二维码是二维码的一种，如图 3-36 所示。其字符集包括所有的 ASCII 码字符。

界面中 QRCODE 二维码的文本设置和参数设置分别如图 3-37 和图 3-38 所示。

图 3-35 条形码的中间字符间距

图 3-36 QRCODE 二维码

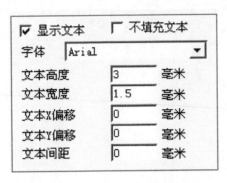

图 3-37 QRCODE 二维码文本设置

图 3-38 QRCODE 二维码参数设置

3.4.3 变量文本

变量文本指在加工过程中可以按照用户定义的规律动态更改的文本。点击 ☑ 使能变量文本，系统显示如图 3-39 所示的变量文本属性。

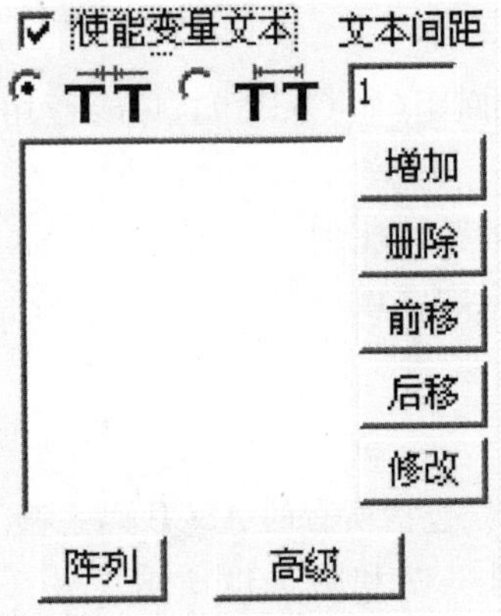

文本间距 表示当前文本字符排列时字符之间的距离。

⊙ TT 表示字符间距的计算按左边字符右边界与右边字符左边界的距离计算，如图 3-40 所示。

○ TT 表示字符间距的计算按左边字符中心与右边字符中心的距离计算，如图 3-41 所示。

阵列 是专门用于变量文本阵列的特殊阵列，应用这个阵列的时候文本会自动变化。

在 EzCad2.0 国际版中，变量文本是由各种不同的实时变化的文本元素按先后顺序组成的一个字符串。用户可以根据需要添加各种变量文本元素，可以对文本元素进行排序。用户点击增加文本元素后系统会弹出如图 3-42 所示的文本元素对话框。

图 3-39 变量文本属性

目前 EzCad2.0 支持八种类型的文本元素，下面分别进行介绍。

1. 固定文本元素

固定文本元素是指在加工过程中固定不变的元素，其参数如图 3-43 所示。

换行符：应用在变量文本功能中，解决多个文本需要分行标刻的问题。应用时，在两个文本之间增加一个换行符，软件根据换行符的位置自动把文本分行。如果多个文本需要分为多行，则在要分行的文本后面增加一个换行符即可。

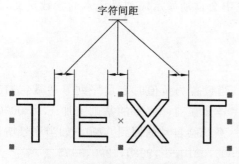

图 3-40 按字符边界计算间距

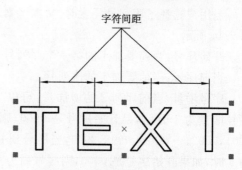

图 3-41 按字符中心计算间距

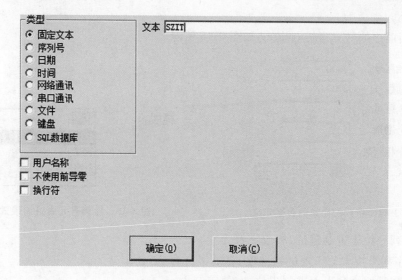

图 3-42 文本元素对话框

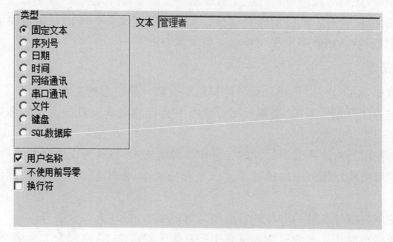

图 3-43 固定文本元素参数

2. 序列号元素

序列号元素是加工过程中按固定增量改变的文本元素。

当用户选择了序列号元素时,文本元素对话框中会自动显示序列号元素的参数定义,如图 3-44 所示。

开始序号:当前要加工的第一个序列号。

当前序号:当前要加工的序列号。

序号增量:当前序列号的增加量,可以为负值,当设置为负值时表示序列号递减。如当序号增量为 1 时,如果开始序号是 0000,则每个序号会在前一序号的基础上加 1,即 0000,0001,0002,…,9997,9998,9999,当序号到 9999 时,系统会自动返回到 0000。如当序号增量为 5 时,如果开始序号是 0000,则序号列为 0000,0005,0010,…,9985,9990,9995。

每个标刻数:每个序号加指定的数目,改变序列号,然后再加指定的数目,再次改变序列号,以此循环。

模式:当前序列号元素进制模式,如图 3-45 所示。

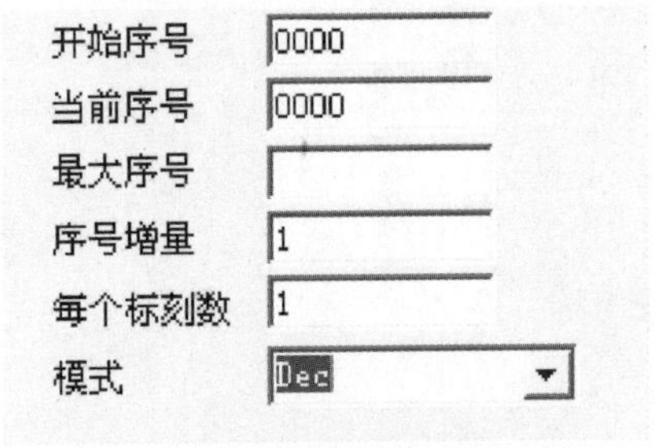

图 3-44　序列号元素的参数定义 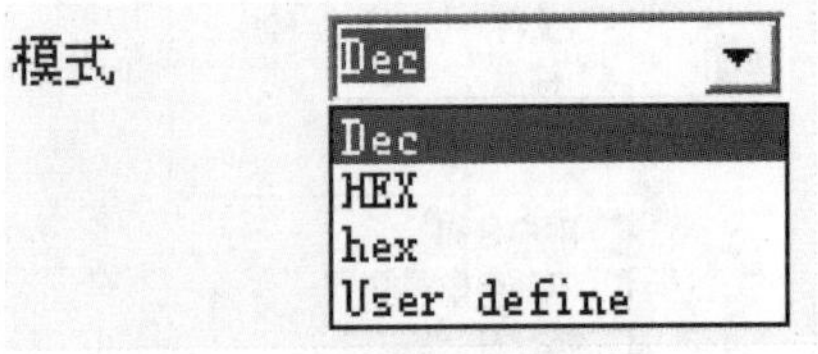　　　　图 3-45　序列号元素进制模式

Dec:序列号按十进制进位,有效字符为 0~9。

HEX:序列号按大写十六进制进位,有效字符为 A~F。

hex:序列号按小写十六进制进位,有效字符为 a~f。

User define:序列号按用户自己定义的进制进位。当选择此项后,点击设置,系统会弹出如图 3-46 所示的设置自定义进制的对话框。用户可以定义 2~64 的任意进制,用户只需要定义最大进制数,然后修改每个序列号对应的文本即可。

3. 日期元素

日期元素是加工过程中系统自动从计算机中获取日期信息的文本元素。

当用户选择了日期元素时,文本元素对话框中会自动显示出日期元素的参数定义,如图 3-47 所示。

年-2018:使用当前计算机的时钟的年份作为对应文本,格式为 4 个字符。

年-18:使用当前计算机的时钟的年份作为对应文本,格式为 2 个字符,只取年份后两个数字。

月-11:使用当前计算机的时钟的月份作为对应文本,格式为 2 个字符。

日-19:使用当前计算机的时钟的每月中的日作为对应文本,格式为 2 个字符。

天-323:使用当前计算机的时钟的当前这一天离 1 月 1 日的天数作为对应文本,格式为 3 个字符。如 1 月 1 日为 001,1 月 2 日为 002,以此类推。

星期-01:使用当前计算机的时钟的星期几作为对应文本,格式为 1 个字符。

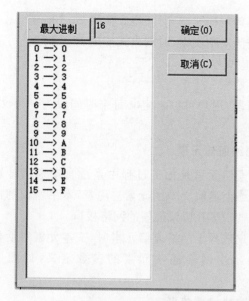

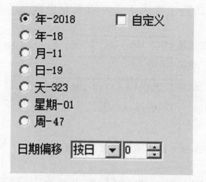

图 3-46 设置自定义进制的对话框	图 3-47 日期元素的参数定义

周-47:使用当前计算机的时钟的当前这一天是本年的第几周作为对应文本,格式为 2 个字符。如 1 月 1 日～1 月 7 日为 01,1 月 8 日～1 月 14 日为 02,以此类推。

日期偏移:系统取计算机时钟的日期时,要加上设置的偏移日期才是要加工的日期,此功能主要用于食品加工等行业有生产日期和保质期的工件加工。

当用户选择了月份作为对应的文本时,会在右侧出现如图 3-48 所示的自定义月份字符对话框。用户可以自己定义月份字符,不再使用软件默认的数字,改用其他的字符来表示,只需要双击选中的月份,输入代表月份的其他字符,最后在软件界面上显示的月份就是输入的字符。

4. 时间元素

时间元素是加工过程中系统自动从计算机中获取时间信息的文本元素。

当用户选择了时间元素时,文本元素对话框中会自动显示时间元素的参数定义,如图 3-49 所示。

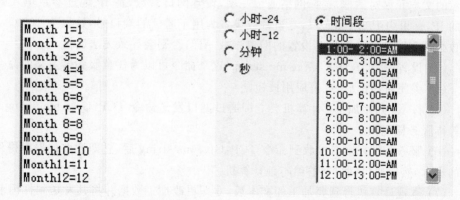

图 3-48 自定义月份字符对话框	图 3-49 时间元素的参数定义

小时-24:使用当前计算机的时钟的小时作为对应文本,时间格式使用24小时制。

小时-12:使用当前计算机的时钟的小时作为对应文本,时间格式使用12小时制。

分钟:使用当前计算机的时钟的分作为对应文本。

秒:使用当前计算机的时钟的秒作为对应文本。

时间段:把一天24个小时分成24个时间段,用户可以自定义每个时间段为一个文本。这个功能主要用于工件需要有班次信息的加工。

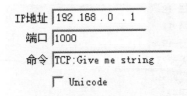

图 3-50　网络通信元素的参数定义

5. 网络通信元素

网络通信元素是加工过程中系统自动通过计算机网口从网络上读取文本的元素。注意,本书所说的网口是指使用 TCP/IP 协议通信的网络接口。

当用户选择了网络通信元素时,文本元素对话框中会自动显示出网络通信元素的参数定义,如图 3-50 所示。

IP 地址:选择从网络上哪个 IP 地址的计算机读取数据。

端口:选择网络通信使用的端口号。

命令:当系统加工到此文本对象时,系统会通过网口向指定 IP 地址的计算机发送此命令字符串,向指定计算机请求把当前需要加工的字符串发出来,系统会一直等待指定计算机回答后才返回,指定计算机回答后系统会自动加工返回的文本。

Unicode:当选择此选项后,系统向指定计算机发送和读取的字符都是 Unicode 格式的,否则为 ASCII 格式的。

下面结合具体实例来说明如何使用网络通信功能。

现在有个客户需要加工 10000 个工件,工件上的打标内容是一个文本,但是每个工件要加工的文本内容都不一样,所以每个工件在加工前都要实时地通过网络从局域网的一台计算机服务器(IP:192.168.0.1,端口为 1000)上读取要加工的内容。具体步骤如下,网络通信流程图如图 3-51 所示。

(1) 打开 EzCad2.0 生成一个文本对象,调整文本大小和位置,以及加工参数。

(2) 选择生成的文本对象,选择使能变量文本,然后点击增加按钮,系统会弹出如图 3-42 所示的文本元素对话框,选择网络通信一项,设置网口参数,将 IP 地址参数填入服务器计算机的 IP,这里为 192.168.0.1,端口参数设置为用于通信的端口号,这里为 1000。注意,网口参数必须和服务器计算机上设置的网口参数一样,否则会导致无法通信。

(3) 设置命令为 TCP:Give me string(这个命令可以为任意服务器定义的命令)。

(4) 关闭对话框后,点击应用按钮。

(5) 按 F2 开始加工,计算机会立即通过网口发送命令 TCP:Give me string 到服务器,并等待服务器返回。

(6) 服务器发现网口接收到命令 TCP:Give me string 后,立即读取数据库得到当前要加工的文本,然后通过网口回答给本地计算机。

(7) 本地计算机得到要加工的文本后,立即更改加工数据并将其发送到打标卡。

(8) 打标卡接收到加工数据后,立即控制打标机加工工件。

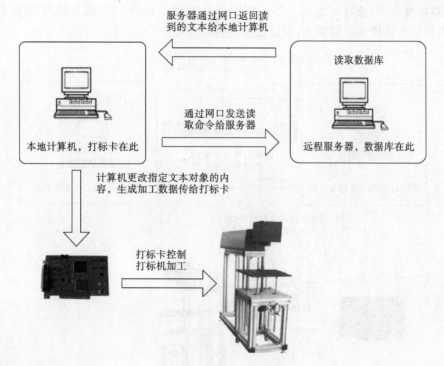

图 3-51 网络通信流程图

6. 串口通信元素

串口通信元素是加工过程中系统自动通过计算机串口从外围设备上读取文本的元素。当用户选择了串口通信元素时,文本元素对话框中会自动显示出串口通信元素的参数定义,如图 3-52 所示。

端口:选择计算机与外部设备连接使用的串口号。

端口	COM1	☐ Unicode
波特率	115200	
数据位	8	
停止位	1	
奇偶校验	NO	
命令	COM:Give me string	

图 3-52 串口通信元素的参数定义

波特率:选择串口通信使用的波特率。

数据位:选择串口通信使用的数据的位数。

停止位:选择串口通信使用的停止位的位数。

奇偶校验:选择串口通信使用的奇偶校验的位数。

命令:系统加工到此文本对象时,系统会通过当前串口向外部设备发送此命令字符串,请求外部设备把当前需要加工的字符串发出来,系统会一直等待外部设备回答后才返回,外部设备回答后系统会自动加工返回的文本。

Unicode:当选择此选项后,系统向外部设备发送和读取的字符都是 Unicode 格式的,否则为 ASCII 格式的。

下面结合具体实例来说明如何使用串口通信功能。

现在有个客户需要加工 10000 个工件,工件上的打标内容是一个文本,但是每个工件要加工的文本内容都不一样,所以每个工件在加工前都要实时地通过串口到另外一台服务器

（串口参数设置如下：波特率为 115 200、数据位为 8、停止位为 1、奇偶校验为 NO）上读取要加工的内容。具体操作步骤如下，串口通信流程图如图 3-53 所示。

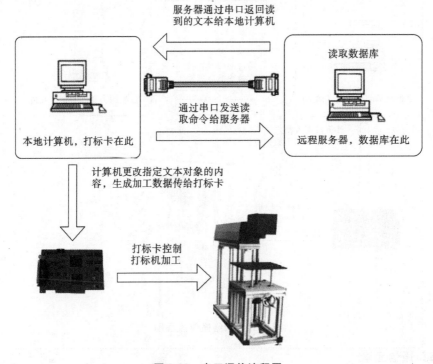

服务器通过串口返回读到的文本给本地计算机

读取数据库

通过串口发送读取命令给服务器

本地计算机，打标卡在此

远程服务器，数据库在此

计算机更改指定文本对象的内容，生成加工数据传给打标卡

打标卡控制打标机加工

图 3-53　串口通信流程图

（1）打开 EzCad2.0 生成一个文本对象，调整文本大小和位置，以及加工参数。

（2）选择生成的文本对象，选择使能变量文本，然后点击增加按钮，选择串口通信一项，设置串口参数和服务器的串口参数（波特率为 115 200、数据位为 8、停止位为 1、奇偶校验为 NO）对应，端口设置为当前与服务器连接使用的端口号。注意，串口参数必须和服务器上设置的串口参数一样，否则会导致无法通信。

（3）设置命令为 COM：Give me string（这个命令可以为任意服务器定义的命令）。

（4）关闭对话框后，点击应用按钮。

（5）按 F2 开始加工，计算机会立即通过串口发送命令 COM：Give me string 到服务器，并等待服务器返回。

（6）服务器发现串口接收到命令 COM：Give me string 后，立即读取数据库得到当前要加工的文本，然后通过串口回答给本地计算机。

（7）本地计算机得到要加工的文本后，立即更改加工数据并将其发送到打标卡。

（8）打标卡接收到加工数据后，立即控制打标机加工工件。

7. 文件元素

当前 EzCad2.0 文件元素支持以下两种文件格式。

1）TxT 文件

选择了 TxT 文件时，系统会显示如图 3-54 所示的内容，要求用户设置文件名称和当前要加工文本的行号。

自动复位：加工到文本最后时，行号复位为 0，重新从第一行开始加工。

每次读整个文件：加工到文本时，直接读取整个文件。

2）Excel 文件

当选择了 Excel 文件时，系统会显示如图 3-55 所示的内容，要求用户设置文件名称、字段名称和当前要加工文本的行号。

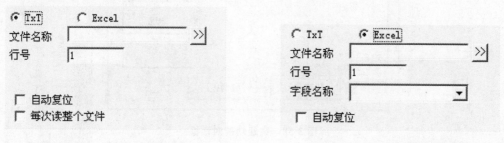

图 3-54　TxT 文件的参数定义　　　　图 3-55　Excel 文件的参数定义

字段名称：Excel 文件表中表单 1 所有列的第一行的文本。加工时系统会自动从对应的列中取出要加工的文本。

8. 键盘元素

键盘元素是由用户从键盘输入要加工的文本，当选择了键盘元素时，系统会显示如图 3-56 所示的内容，要求用户设置键盘元素参数。

提示　请输入要加工的文本

图 3-56　键盘元素参数

提示：加工中系统遇到键盘变量文本时，会弹出输入对话框，要求用户输入要加工的文本，如图 3-57 所示，此时用户直接手工输入要加工的文本。

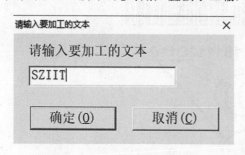

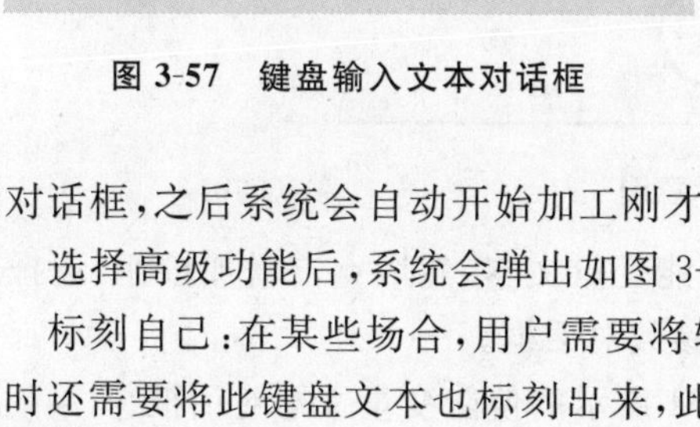

图 3-57　键盘输入文本对话框

键盘元素功能经常用在加工时需要实时输入要加工的内容的场合。假如客户当前要加工一批工件，每个工件上都印刷有一个条形码，加工时需要用户用条形码扫描枪实时从工件上读取条形码的内容，然后用激光标刻到工件指定位置上，这时就可以使用键盘元素功能。加工时，系统弹出如图 3-57 所示的键盘输入文本对话框，操作员用条形码扫描枪扫描工件上的条形码，条形码扫描枪会自动把读取的内容输入到对话框里，并自动关闭对话框，之后系统会自动开始加工刚才读取的内容。

选择高级功能后，系统会弹出如图 3-58 所示的高级功能对话框。

标刻自己：在某些场合，用户需要将输入的键盘文本分割后放在不同的位置进行标刻，同时还需要将此键盘文本也标刻出来，此时应用标刻自己功能解决。设置好分割字符的相关参数后，勾选标刻自己选项。在标刻时，除了标刻出设置的分割字符之外，还会在相应的位置标刻出刚才输入的所有键盘文本。

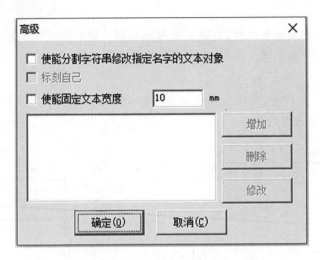

图 3-58　高级功能对话框

　　当前高级功能里面有分割字符串功能,下面结合具体实例来说明如何使用键盘功能。

　　深圳信息职业技术学院的校园卡上要印刷具有学生班级和座位信息的条形码,但是人无法直接分辨条形码,必须用激光把此信息标刻到校园卡指定的位置上。这时就可以使用分割字符串功能,通过条形码扫描枪读取条形码上的序列号,然后自动将序列号进行分割,并加工到指定位置。如图 3-59 所示的是校园卡示意图,条形码下面的序号是条形码内容,序号一共有 10 个字符,6、7、8 号字符表示学生班级,后 2 个字符表示座位号,条形码扫描枪读出的是整个字符串,EzCad2.0 必须自动把读到的序列号按要求分割并放到指定位置。

图 3-59　校园卡示意图

　　(1) 建立一个键盘变量文本:建立文本,选择使能变量文本,然后点击增加按钮,选择键盘类型,系统会弹出如图 3-60 所示的键盘变量文本参数对话框。

　　(2) 输入提示信息后,点击确定,会得到如图 3-61 所示的使能变量文本对话框。

　　① 选择高级按钮后可以看见如图 3-62 所示的增加分割字符串参数对话框。

　　② 勾选使能分割字符串修改指定名字的文本对象,点击增加按钮。

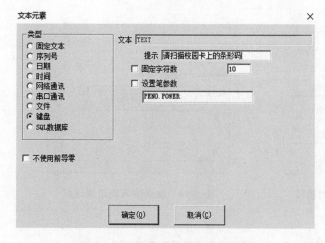

图 3-60　键盘变量文本参数对话框

图 3-61　使能变量文本对话框

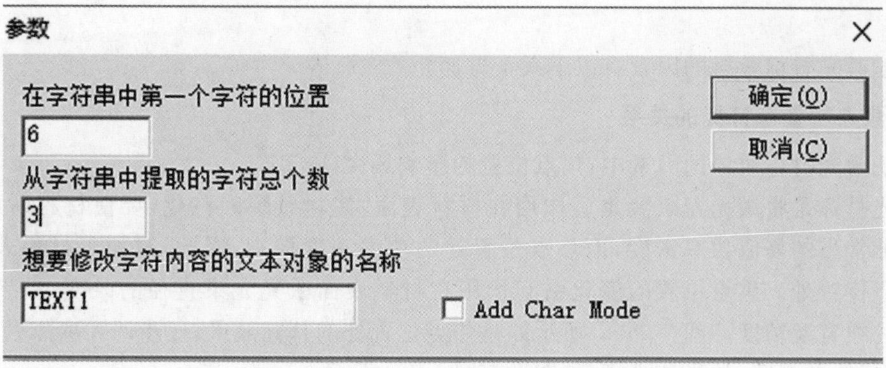

图 3-62　增加分割字符串参数对话框

在字符串中第一个字符的位置:指在 TEXT1 文本中,起始字符是键盘变量文本的字符串中的第几个字符。

从字符串中提取的字符总个数:指从设定的第一个字符在键盘变量文本的字符串中提取几个字符。

想要修改字符内容的文本对象的名称:指输入想要把分割读取的字符修改哪个固定文本的名称。

这里增加两个条件,一个是修改 TEXT1 的对象,从第 1 个字符开始取 3 个字符,另外一个是修改 TEXT2 的对象,从第 4 个字符开始取 4 个字符。设置完毕,出现如图 3-63 所示的增加分割字符串结果对话框。

③ 建立两个文本对象并将其名称改为 TEXT1、TEXT2。注意,在对象列表中,键盘变量文本要排在两个固定文本之前,把 TEXT1 对象放在入口号要加工的位置,把 TEXT2 对象放在座位号要加工的位置,放置完毕后设置需要的加工参数。

④ 点击开始标刻,这时系统会弹出如图 3-64 所示的键盘输入提示对话框,此时用户用条形码扫描枪扫描门票上的条形码,系统就会自动把读入的序列号分割并放到 TEXT1 和 TEXT2 上进行加工。

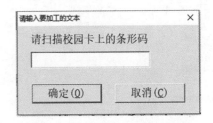

图 3-63 增加分割字符串结果对话框　　　图 3-64 键盘输入提示对话框

3.5 影响激光打标效果的因素

影响激光打标效果的因素有以下六个方面。

1. 焦点位置与打标的关系

影响激光打标效果的因素中,焦点位置的影响最大。

激光打标是将激光光束聚焦后作用在材料表面,使材料瞬间汽化,要使材料瞬间汽化,就需要非常高的峰值功率密度,而焦点位置处的功率密度最高,因此,被加工材料表面要放置于焦点位置处。焦点位置的变化引起作用在材料表面激光光束直径的改变,结果就会影响打标的线宽及精度。图 3-65(a)所示的是焦点位置处的打标效果,逐步调大离焦量,离焦量越大,打标线条越宽、效果越模糊,如图 3-65(b)、(c)所示。

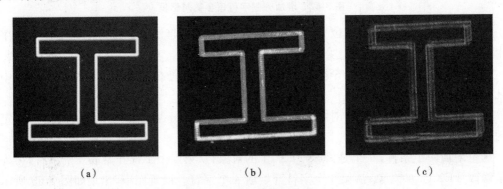

(a)　　　　　　　　(b)　　　　　　　　(c)

图 3-65 不同位置处打标效果图

2. 透镜焦距与打标的关系

透镜焦距不同,聚焦光斑直径和焦深都会有所不同,则打标的幅面大小也不同。当前应用最广的光纤激光打标机输出的激光一般都是基模光束,其聚焦光斑直径为

$$d_0 = 2f\lambda/D$$

其中,f 为透镜焦距;λ 为激光光束波长;D 为入射激光光束直径。

从表达式可看出,在其他参数不变的情况下,透镜焦距越长,聚焦光斑直径越大。以常见的光纤激光打标机为例来计算,$f=160$ mm,$\lambda=1064$ nm,$D=7$ mm,计算出 $d_0\approx0.049$ mm,即光纤激光打标机的线宽约为 0.05 mm。图 3-66 所示的为在其他参数不变的情况下,只更换不同的焦距,聚焦镜在同种材料表面上的打标效果图。

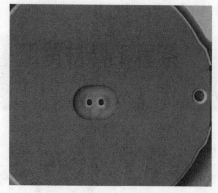
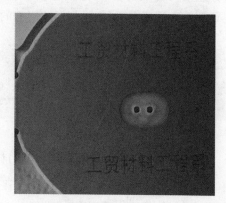

(a) 焦距为 254 mm 时的打标效果　　　　　　　　(b) 焦距为 160 mm 时的打标效果

图 3-66　不同焦距时的打标效果图

从上述不同焦距时的打标效果图可看出:透镜焦距越长,聚焦光斑直径越大,打标时线条越粗,到达材料表面的激光功率密度越小,打标效果越模糊;透镜焦距越长,打标出来的字越大,即打标范围增大。

激光是一种高斯光束,在经过聚焦镜聚焦时,其聚焦光斑大小在一定范围内可认为保持不变,此范围的长度就是焦深。在不考虑聚焦透镜像差的情况下,焦深 Z_d 可用下式来近似进行计算,即

$$Z_d=\pm0.46d_0^2/\lambda$$

其中,d_0 为聚焦光斑直径,$d_0=2f\lambda/D$;λ 为激光光束波长。

按聚焦光斑直径为 0.05 mm 进行计算,焦深为 ±1 mm,焦深很小,因此,打标时可调的范围很小,要准确找到焦点位置,从而获得较好的打标效果。从焦深表达式可看出,焦深与透镜焦距、激光光束波长成正比,与入射激光光束直径成反比,因此,想获得更小的焦深,需要采用焦距更长的透镜或缩小入射激光光束直径。

3. 激光功率、打标速度与打标的关系

激光功率是直接影响打标效率的参数,激光功率越大,打标速度就可以越快。在速度一定的情况下,不同激光功率下的打标效果如图 3-67 所示。

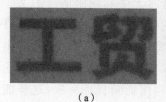
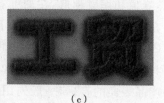

(a)　　　　　　　　　　(b)　　　　　　　　　　(c)

图 3-67　不同激光功率下的打标效果

图 3-67 中,从图(a)到图(c)激光功率逐渐增大。图(a)激光功率不足,打标效果不清晰;图(b)打标效果清晰;图(c)激光功率过高,热影响区域明显,被加工材料、加工区域出现明显过加工现象,造成被加工图形出现阴影。

打标速度反映加工效率,速度越快,单位时间内加工产品的数量就越多,效率就越高。在其他参数不变的情况下,不同打标速度下的打标效果如图 3-68 所示。

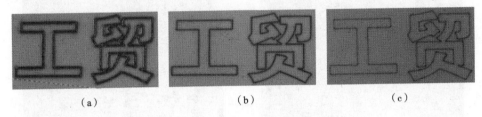

图 3-68 不同打标速度下的打标效果

图 3-68 中,从图(a)到图(c),打标速度逐渐加大。图(a)打标速度太慢,打标轮廓模糊,线条粗;图(b)打标速度合适,打标效果清晰;图(c)打标速度太快,打标的图形呈现一些点状,没有形成连贯线条,打标效果不清晰。

4. 频率与打标的关系

频率指一秒内激光发射出激光脉冲的个数,激光打标属于精细加工,打标所形成的图形是由一个个脉冲点组成的,所需频率一般都要求较高,达到千赫兹数量级。在其他参数不变的情况下,不同频率下的打标效果如图 3-69 所示。

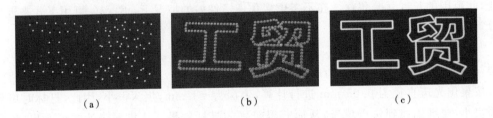

图 3-69 不同频率下的打标效果

图 3-69 中,从图(a)到图(c)频率逐渐加大。图(a)频率很低,打标轮廓点与点之间的间隔很远,图形不清楚;图(b)频率加大后,打标的图形虽然仍然呈现一些点状,但图形的轮廓已经清晰可见;图(c)频率继续加大后,打标效果清晰,轮廓成连贯的线条状。

然而激光打标频率并不是越高越好,频率越高,脉冲宽度越宽,输出的激光越接近连续光,峰值功率就越低,在加工有些材料时,峰值功率太低将无法标刻出清晰的文字或图案。在加工标刻参数设置的左下部位有个 CW 勾选项(主要适用于端面泵浦激光打标设备),CW 模式设置处如图 3-70 所示,将 CW 选项勾选后,将以连续光输出,此时输出的激光不具有峰值功率,在 CW 模式下进行打标被称为火烧模式。火烧模式主要应用于一些油漆产品表面的打标,一般先用 CW 模式打标一次,然后再用低频打标一次,这样能提高打标效率。图 3-71 所示的是火烧模式打标出的汽车透光按键。

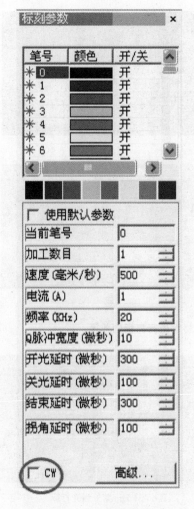

图 3-70 CW 模式设置处   图 3-71 火烧模式打标出的汽车透光按键

5. 材料与打标的关系

激光打标加工材料主要是利用材料对激光的吸收特性进行的。不同的材料对同一波长的激光的吸收效率有很大差别,同时,同种材料对不同波长的激光的吸收效率也有很大差别。图 3-72 所示的是在相同激光参数下对不同材料进行打标的效果图。

图 3-72 中,对不同材料进行打标时,应选择不同打标参数以便获得较好的打标效果。

同种材料、不同波长激光的打标效果存在很大差距,如图 3-73 所示。

由图 3-73 可知,要打标出较好的效果,需要选择具有合适波长激光的激光打标设备。

6. 填充与打标的关系

填充是对指定的图形进行填充操作。被填充的图形必须是闭合的曲线。如果选择了多个对象进行填充,那么这些对象可以互相嵌套,或者互不相干,但任何两个对象不能有相交部分,以免造成填充的效果不是所期望的效果。在进行打标加工时,一般为了使打标效果清晰都需要进行填充。填充对打标效果的影响如图 3-74 所示。

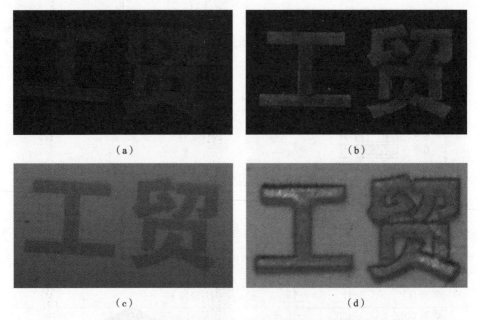

（a）

（b）

（c）

（d）

图 3-72　在相同激光参数下对不同材料进行打标的效果

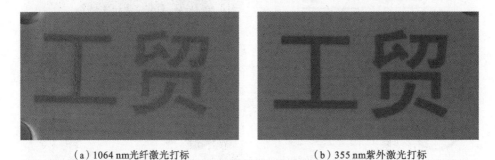

（a）1064 nm光纤激光打标

（b）355 nm紫外激光打标

图 3-73　同种材料、不同波长激光的打标效果

（a）

（b）

（c）

图 3-74　填充对打标效果的影响

由图 3-74 可知,填充的线间距越小,所形成的文字或图案就越清晰,但并非填充越小越好,由于激光打标是逐点、逐行进行扫描的,因此填充越小,扫描的点和行就越多,打标时间也越久,材料所形成的热积累就越多,容易使材料变形,因此,在进行填充时,应根据实际需求合理设置填充参数。

4

激光打孔设备

4.1 激光打孔的基本知识

4.1.1 基本概念

　　激光打孔设备的加工原理是利用高功率密度的激光光束照射被加工材料,使被加工材料很快被加热至蒸发温度,蒸发形成孔洞。激光打孔是最早达到实用化的激光加工技术,也是激光加工的主要应用领域之一。它在激光加工中归类于激光去除,也称为蒸发加工,是基于激光与被加工材料相互作用引起物态变化形成的热物理效应,以及各种能量变化产生的综合结果。影响这种变化的主要因素取决于激光的波长、能量密度、激光光束发散角、聚焦状态和被加工材料本身的物理特性等参数。激光打孔原理如图 4-1 所示。

　　激光光束是一种在时间上和空间上高度集中的光子流束,其发散角极小、聚焦性能良好。采用光学聚焦系统,可以将激光光束会聚到微米量级的范围内,其功率密度非常高,当这种微细的高能激光光束照射到工件上时,可使得照射区内的温度瞬时上升到一万摄氏度以上,从而引起被照射区内的材料瞬时熔化并大量

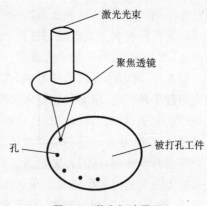

图 4-1　激光打孔原理

汽化蒸发,气压急剧上升,高速气流猛烈向外喷射,在照射点上立即形成一个小阻坑。随着激光能量的不断输入,阻坑内的汽化程度加剧,蒸气量急剧增多,气压骤然上升,对阻坑的四周产生强烈的冲击波作用,致使高压蒸气带着溶液,从凹坑底部高速向外喷射,火花飞溅,如同产生一种局部微型爆炸那样,利用辅助气体吹大激光熔化的范围,在工件上迅速打出具有一定锥度的小孔来。由于蒸气总是先从熔融的阻坑内部向外喷射,在起始阶段必然会形成

较大的立体角,所以用激光打出来的孔,总是具有一定锥度的,激光光束入口端呈喇叭形。

激光打孔是在极短的时间内完成的,孔的形成是材料在高功率密度激光光束的照射下产生的一系列热物理现象的结果。在高能激光光束的照射下,材料的蒸发和熔化是激光打孔成形的两个基本过程。其中,孔深的延伸主要决定于蒸发;孔径的扩展主要决定于孔壁的熔化,以及剩余蒸气压力将熔融材料的喷射排除。当功率密度很高时,蒸发极为旺盛,极大部分能量用于蒸发。

4.1.2　激光打孔的应用

从 1960 年第一台红宝石激光器问世以来,1962 年激光技术就率先用于对刀片的打孔,这开创了激光打孔应用的先例。激光打孔现已发展成为一种先进的加工方法,具有打孔速度快、成本低、效率高、变形小、适用性广等特点,特别适用于加工微细深孔,最小孔径只有几微米,孔深与孔径之比(简称深径比)可大于 50。对于加工难度大,且深径比达到 50 的孔,加工成本可大大降低,对于深径比很小的孔,加工成本也可减小 $\frac{1}{2}$。激光打孔的效率是电火花加工效率的 12~15 倍,是机械打孔效率的 200 倍。激光打孔既适用于各种金属材料,又适用于难加工的硬质非金属材料,如金刚石、宝石、陶瓷、玻璃等。激光打孔既能加工圆形孔,又能加工各种异形孔。

由于激光具有高能量、高聚焦等特性,激光打孔广泛应用于工业加工中,这使得硬度大、熔点高的材料越来越容易被加工。例如,在高熔点金属钼板上加工微米量级的孔径,在硬质碳化钨上加工几十微米的小孔,在红、蓝宝石上加工几百微米的深孔,以及制作金刚石拉丝模具、化学纤维喷丝头等。利用激光在空间和时间上高度集中的特点,轻而易举地可将光斑直径缩小到微米量级,从而获得 100~1000 W/cm^2 的激光功率密度。如此高的功率密度几乎可以在任何材料上进行激光打孔。其应用有印制电路板、网纹辊激光标刻、制作化学纤维喷丝头、模具制造、钟表轴承打孔等。激光打孔的应用如图 4-2 所示。

近几年,随着激光技术的发展,皮秒、飞秒激光和准分子激光等高性能激光器在工业上的应用越来越广泛,激光打孔技术也随之有了很大的发展。随着科学技术的飞速发展,在航天、航空、电子、制药、食品、纺织、仪器和医疗器械等行业中,带有小孔的零件材料越来越多,孔径越来越小,并且对孔的精度和尺寸要求越来越高,同时,工件的材料种类也越来越多,既有金属也有非金属,还有许多难加工的材料,因此,20 世纪 80 年代的中后期,以美国、德国为代表的工业发达国家已将激光深微孔技术大规模地应用到飞机制造业等行业。但不论国内或国外,激光打孔有相同缺点:打孔重复精度差;打孔锥度大;孔边缘容易产生裂纹和再铸层。随着科技和社会生产的迅速发展,一方面对激光打孔提出了更高的要求,另一方面生产高功率、高质量的激光打孔设备成为可能。这为深微孔激光加工技术的不断发展提供了目标,同时也提供了保障。随着深微孔激光加工技术的不断成熟,进行激光打孔的激光加工系统的数量将不断增加。

激光打孔技术也适用于航空领域。航空燃气涡轮上的叶片、喷管叶片、燃烧室等部位都需要冷却,所以这些部件的表面要被打上数以千计的孔来保证这些部件的表面被一层薄薄

（a）印制电路板

（b）钢板上打孔

（c）手机侧面打孔

（d）模具制造

图 4-2　激光打孔的应用

的冷却空气覆盖。这层冷却空气不仅能增加零件的使用寿命，而且可以提高引擎的工作性能。目前使用的喷射引擎的气体温度可以达到 2000 ℃，这个温度已经超过了涡轮叶片和燃烧室材料的熔点，现在用边界层冷却方法解决这个问题。通常每个航空零件上孔的数量有 25～40 000 个，冷却气体可以通过零件上的小孔覆盖整个零件表面来隔绝外界温度，从而达到保护作用。冷却孔可以用 EDM 加工，也可以用激光加工。虽然用 EDM 加工可以加工出质量合格的小孔，但是其加工效率明显低于激光加工，此外，EDM 加工还有一些其他缺点。

在航空领域有两种基本的激光打孔方法：套孔和激光脉冲打孔。套孔是用激光脉冲先在孔的中心位置打孔，然后移动激光光束到孔的周围或者旋转零件加工出一个孔。激光脉冲打孔既不需要移动激光光束，又不需要旋转零件，只是靠连续的激光脉冲来加工出孔。孔的直径可以在加工时通过能量大小来控制。激光脉冲打孔是航空工业中非常重要的应用技术，它大大缩短了零件加工的时间。在加工对称结构的零部件（如燃烧环、燃烧室等）时，加工时间还能再进一步缩短。激光的脉冲频率与工件的转动频率同步，激光脉冲同步地以特定排列来加工出所有的孔，这种技术缩短了加工时间，但是加工出的孔的质量通常并不理想。

4.1.3　激光打孔与传统打孔的性能比较

常用的打孔工艺有激光打孔、机械打孔、冲压打孔、电化学法打孔、电子束打孔、电火花打孔等。激光打孔与传统打孔的对比如表 4-1 所示。

表 4-1　激光打孔与传统打孔的对比

打孔类型	打孔直径/μm	打孔速度	深径比	打孔材料
激光打孔	5	快	20	几乎任何材料
机械打孔	30	慢	1～10	非硬材料
冲压打孔	30～300	快	1～3	非延展性材料
电化学法打孔	400	较快	10～50	导电材料
电子束打孔	400	较快	3～80	薄材料
电火花打孔	50	快	2	要求真空

激光打孔与传统打孔工艺相比,具有以下优点。

(1) 由于激光打孔是利用功率密度为 $107～109$ W/cm^2 的高能激光光束对材料进行瞬时作用的,作用时间只有 0.00001～0.001 s,因此,激光打孔速度非常快。将高能激光器与高精度的机床及控制系统配合,通过微处理机进行程序控制,可以实现高效率打孔。在不同的工件上,激光打孔与电火花打孔及机械打孔相比,效率可提高 10～1000 倍。

(2) 激光打孔可用在大深径比的小孔加工中。深径比是衡量小孔加工难度的一个重要指标。机械打孔和电火花打孔所获得的深径比值不超过 10。对于用激光光束打孔来说,激光光束参数较其他打孔方法更便于优化,所以可获得比电火花打孔及机械打孔大得多的深径比。

(3) 高能量激光光束打孔不受材料的硬度、刚性、强度和脆性等机械性能的限制。它既适用于金属材料,也适用于一般难加工的非金属材料,如红宝石、蓝宝石、陶瓷、人造金刚石和天然金刚石等。难加工的材料大都具有强度高、硬度高、热导率低、加工易硬化、化学亲和力强等性质,而在切削加工中,阻力大、温度高、表面粗糙、表面倾斜等因素使打孔的难度更大。利用激光在这些难加工的材料上打孔,以上问题都将得到解决。我国钟表行业所用的宝石轴承几乎都采用的是激光打孔。

(4) 激光打孔为无接触加工,避免了机械打孔时易断钻头的问题。用机械钻加工直径为 0.8 mm 以下的小孔,即使是在铝这样软的材料上,也常常出现折断钻头的问题,这不仅会造成工具损耗从而加大成本,而且钻头折断会致使整个工件报废。如果是在群孔板的加工中出现钻头折断,将使问题更为严重。在这种情况下,去除折断钻头的最好方法是采用激光打孔,当然,激光打孔设备必须具备精密的瞄准装置,以便准确无误地打掉折断的钻头。

(5) 激光打孔适用于数量多、密度高的群孔加工。由于激光打孔设备可以和自动控制系统及微机配合,实现光、机、电一体化,因此激光打孔过程准确无误地重复成千上万次。结合激光打孔孔径小、深径比大的特点,通过程序控制可以连续、高效地制作出孔径小、数量大、密度高的群孔板。

(6) 用激光可在难加工材料的倾斜面上加工小孔。对于机械打孔和电火花打孔这类接触打孔来说,在倾斜面上特别是大角度倾斜面上打小孔是极其困难的。倾斜面上的小孔加工的主要问题是钻头入钻困难,钻头切削刃在倾斜面上单刃切削,两边受力不均匀,产生打滑,难以入钻,甚至造成钻头折断。对强度高、硬度高的材料进行机械打孔或电火花打孔几乎是不可能的,激光打孔却可以做到。激光特别适合加工与工件表面呈 6°～90°角的小孔,即使是在难加工材料上打斜孔也可以。

(7) 激光可以对置于真空中或其他条件下的工件进行打孔。

(8) 由于激光打孔过程与工件不接触,因此加工出来的工件清洁、无污染。因为激光打孔是一种蒸发型的非接触的加工,它消除了常规热丝穿孔和机械穿孔带来的残渣,因而十分卫生。

(9) 激光打孔加工时间短,对被加工材料的氧化、变形影响均较小,不需要特别保护。

4.1.4　激光打孔方式的分类

常用的激光打孔方式主要有两种,一种是单脉冲激光打孔,另一种是多脉冲激光打孔。由于单脉冲激光打孔过程中的许多因素难以控制,如从孔道中喷出的材料蒸气对激光光束产生的无规则屏蔽及散射,熔融物未被喷射出去,以及在表面张力作用下熔融物再凝固等,都将引起孔形的畸变和孔尺寸的变化,因此,单脉冲激光打孔使用得很少(主要用于对薄板零件加工盲孔)。

多脉冲激光打孔的使用很普遍,它是采用一组重复周期远远大于材料凝固时间的极短脉冲激光光束来进行打孔加工的,多次脉冲激光能量的不断积累使照射区内的材料逐层汽化蒸发,逐渐将孔加深。孔径取决于脉冲激光重复照射的次数和单个脉冲激光能量的大小。在这种加工方式中,还可以利用每个脉冲激光之间的时间间隔,及时改变工件与激光光束焦点之间的相对位置,使得在这个时间间隔内,激光光束焦点的相对位移量刚好等于被激光汽化蒸发出来的材料的厚度,因而,在激光打孔的全过程中,可始终保持激光光束在照射区内的能量密度不变,以提高打孔精度,减小孔壁表面的粗糙度。

采用单脉冲激光打孔时,所需脉冲激光能量较高,孔深较浅,孔径的偏差较大,精度较低,而采用多脉冲激光打孔时,所需脉冲激光能量大大降低,孔的深度增加,孔径的偏差显著减小,精度提高。多脉冲激光打孔的应用,大大增强了激光打孔的能力,扩展了其应用范围。多脉冲激光打孔现已能加工深径比达 30、孔径只有 $1\sim10~\mu m$ 的微细深孔,孔的尺寸和形状的精度均可达到 IT8 级。

4.1.5　激光打孔的方法

激光打孔的方法多种多样,可分为复制法和轮廓迂回法两类,如表 4-2 所示。

表 4-2　激光打孔的方法

分类	概念	原理
复制法	复制法指成形面以一定的精度再现激光光束形状的打孔方法	采用复制法加工时,在加工激光光束光轴垂直方向上,工件没有光线和零件的相对移动。该方法在加工小孔时最为常用。将圆形截面的激光光束直接聚焦到工件上,即可加工圆孔。若采用投影的方法,在聚焦镜前加入特定形状的光阑,可以得到非圆形的孔

续表

分类	概念	原理
轮廓迂回法	轮廓迂回法指加工表面的形状由光线和被加工零件相对位移的轨迹所决定的打孔方法	采用轮廓迂回法,既可以采用脉冲工作,也可以采用连续激光。脉冲工作时,孔以一定的位移量移动,并彼此交叠,从而形成一个连续的轮廓。轮廓迂回法从原理上可以加工任意大直径的任意形状的孔,因此也被称为精密打孔切割

4.2　激光打孔设备基本结构

激光打孔设备主要由激光器、电源系统、控制系统、数控系统、操作盘、加工工作台、加工头、光学系统、冷却系统等部分组成,其结构示意图如图4-3所示。

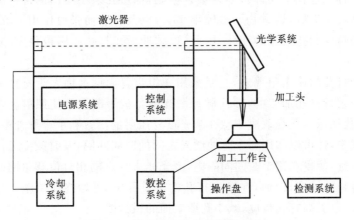

图4-3　激光打孔设备结构示意图

4.2.1　激光打孔的激光器

激光器是激光打孔设备的重要组成部分,它的主要作用是将电源系统提供的电能以一定的转换效率转换成激光能。按激光器工作物质的性质,激光器可分为气体激光器和固体激光器。用于打孔的气体激光器主要有 CO_2 激光器,而用于打孔的固体激光器主要有红宝石激光器、钕玻璃激光器和 YAG 激光器。

CO_2 激光器有许多独特的优点,它的转换效率高于其他激光器。更为重要的是,CO_2 激光器与其他激光器相比,可以进行大功率输出,当与其他技术配合时,可以实现高速打孔,最高速度可达 100 孔/秒,这是其他激光器很难做到的。

虽然如此,但由于 CO_2 激光器的对焦、调光都不方便,设备一次性投资也比较大,其在激光打孔设备中没有其他三种激光器应用普遍。固体激光器在激光打孔中得到了广泛的应用,它具有以下优点。

(1) 固体激光器输出波长普遍较短。如红宝石激光器输出波长为 694.3 nm,钕玻璃激光器和 YAG 激光器的输出波长均为 $1.06~\mu m$。由于大多数材料特别是金属材料对光的吸收存在波长越短吸收率越高的规律,因此,在功率相同的状态下,加工同一种材料,固体激光器就比 CO_2 激光器的加工效率要高得多,尤其在加工高反射率金属方面,固体激光器更胜一筹。

(2) 固体激光器输出的激光光束可以用普通的光学材料传递,如光学玻璃、石英玻璃等。这样可以将显微镜、投影仪或工业电视等目视观察系统与激光输出的导光系统同轴安装,以实现对加工点的对焦、定位及对加工过程中出现的情况进行实时监控。对于 $1.06~\mu m$ 的近红外光,还可以用光导纤维进行能量传递,使导光系统更加灵活、方便。

(3) 固体激光器结构紧凑,整体体积小,使用、维护方便,价格低于 CO_2 激光器。

早期的激光打孔机多采用红宝石激光器,但近年来,其已逐步被钕玻璃激光器和 YAG 激光器所取代,因为这两种激光器的激励阈值较低、效率较高、热稳定性好。由于固体激光器的波长均较短,对材料穿透能力较强,因此适合对非透明的金属和非金属材料打孔。而对某些透明的非金属材料(如塑料、石英玻璃等),则不能采用固体激光器进行加工,对这类材料的激光打孔加工,宜采用气体激光器,主要是采用波长较长的 CO_2 激光器。

4.2.2 激光打孔的机床

激光打孔的机床为简单又通用的三维机床形式。二维运动在水平面,以 X 轴、Y 轴表示,两坐标轴相互垂直。第三维 Z 轴与 X-Y 平面垂直。每一维可通过步进电机带动滚珠、丝杠在直线滚珠导轨上运行,它的精度由丝杠的精度和滚珠导轨的精度确定。如果配以微处理机系统,三维机床就可以完成平面内各种孔及一定范围内群孔的激光加工。当需要对管材或桶形材料进行系列孔的加工时,机床应具有五维功能,除了前面提到的三维以外,增加的两维分别是:X-Y 平面 360° 的旋转,定义它为 A 轴;X-Y 平面在 Z 轴方向上的 0°～90° 倾斜,定义它为 B 轴。这样,对于多种类型的激光打孔加工,五维工作台都能胜任。在需要节省设备投入的情况下,可将 B 轴的数控改为手动。

4.2.3 激光打孔的光学系统

光学系统由导光系统(包括折返镜、分光镜、光导纤维及耦合元件等)、观察系统及改善激光光束性能的装置等部分组成。在激光打孔中,光学系统的作用是把激光光束从激光器输出窗口引导至被加工工件表面,并在加工部位获得所需的光斑形状、尺寸及功率密度,从而指示加工部位、提供控制信息、观察加工过程和简单评估加工结果,具体功能如下。

(1) 利用光学系统中的 45° 棱镜或倾斜放置的全反射镜来改变激光器发出激光光束的输出方向,将激光光束引导至工件的被加工部位。

(2) 利用光学系统中的聚焦透镜对激光器发出的激光光束进行聚焦,实现在加工部位得到具有足够高功率密度的激光光斑。

(3) 利用光学系统中设置光阑的方法,改善激光光束性能。光阑对提高激光打孔质量有很重要的作用,一方面有选模、限模的作用,另一方面也有控制、改变脉冲能量的作用,使激光打孔的圆整度在很大程度上得到改善。激光强度通常呈高斯分布,如果在光学系统中没有光阑对激光光束进行约束,则会在工件加工部位出现由中心到边沿功率密度逐渐减弱的光斑,光斑外沿上的功率密度不足以使材料蒸发,激光能量相当大的部分消耗在熔化上。在照射面中心区域内,由于蒸气压力的作用,已熔化的材料被抛出孔的中心,结果就使其入口成为锥度较大的圆锥状。在光学系统中加入光阑后,去除了因功率密度不足而造成的材料蒸发的激光光束外缘部分,照射区的边界变得清晰、整齐,由此可以减小激光打孔的入口锥度。在其他参数相同的情况下,用光阑加工的孔的入口锥直径要比焦面加工的小 50%。一种改善激光光束性能的方法是采用倒置的拉长距离的伽利略式望远镜系统进行打孔,简称发散-会聚打孔,其光路如图 4-4 所示。

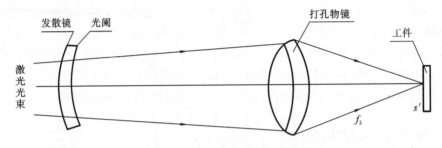

图 4-4 发散-会聚打孔光路

激光光束通过透镜后,成为发散光,再经过透镜聚焦于 f_2 之后的 s' 上,若在发散镜右端设置光阑,可以大大提高孔的圆整度,并且由于正负透镜球差的抵消,系统轴向球差小且能量集中,容易打出锥度小、粗糙度低的孔。在充分利用透镜通光口径的基础上,使其能量分散小、热变形小。这种光学系统不但结构紧凑,而且使加工区域远离了聚焦透镜,从而大大改善了飞溅物对保护片的污染。运用这种光路时应注意,随着重复频率的提高会使物镜的温度上升,可能导致物镜的胶合层损坏。

(4) 利用光学系统中的校正观测装置,在加工前对工件的被加工部位及激光光束的焦点位置进行校准,在加工中跟踪、观察全过程,在加工后简单评估加工结果。这部分光路一般可由望远镜、投影仪或工业电视组成。注意必须保证观测装置的光轴与激光光束的光轴及聚焦物镜的光轴三轴完全重合,以保证打孔点与观测点的一致。

4.3 激光打孔工艺

4.3.1 激光打孔的步骤

(1) 对被加工材料的物理性质和加工要求进行加工可行性分析。

激光加工的实质是激光与被加工材料相互作用所产生的物态变化。因此,激光打孔设备与被加工材料构成了激光打孔的两个基本要素。从广义上讲,激光几乎可以对所有材料进行有效加工,但具体到某一台激光打孔设备的加工范围却是很有限的。这是因为激光的某些参数(如波长、功率调制情况及范围、脉冲重复频率、脉冲宽度、光束发散角、导光系统、聚焦情况等)一旦确定,也就确定了这台激光设备的打孔范围。例如,波长为 1.06 μm 的 YAG 激光器和钕玻璃激光器就无法在普通玻璃或石英玻璃上进行打孔加工,这是因为这两种材料对 1.06 μm 波长的光的吸收率极低。CO_2 激光器避免用波长为 10.6 μm 的光对具有极高反射率的金属进行打孔加工,防止强烈的反射光对聚焦透镜造成破坏。所以在加工之前,要详细了解现有激光设备的性能及被加工材料的物理特性,做出正确的判断和选择,再根据工件的加工位置、尺寸和孔的形状等要求,了解现有激光设备的机床精度、运行方式是否满足加工的需要。

(2)模拟加工,得出最佳加工参数。

由于对激光加工的精度和工作质量的要求非常高,因此,常把激光打孔作为最后一道工序,所以激光打孔所面对的绝大部分工件是接近成品的零件。对于这样的加工必须谨慎,为避免在正式加工中出现偏差,有必要在与实际加工零件的材质、厚度等条件相同的试件上,依照对正式工件的加工要求进行模拟激光打孔,以便对激光参数进行选择和完成外围条件的设计。最终得出最佳的工艺参数和加工环境,为正式加工做好准备。

(3)设计简便、实用的工装夹具,减少辅助工时,保证加工效率。

激光打孔很少进行单件加工,多为数量较大的批量加工。因此更换、装夹工件的辅助时间的长短直接影响激光打孔的效率。当加工工件的数量小于 10 件时,可使用通用的三爪卡盘或平口钳作为夹具;当加工工件的数量较多时,可制作专用夹具,与加工程序配套使用。夹具的设计应本着结构简单、合理,装夹定位快捷、准确,加工制作方便、易行的原则。

(4)设计加工程序。

根据被加工工件的孔径、孔形以及加工形式的要求,利用计算机控制系统进行合理的编程,以保证激光打孔设备的正常有序运行。在程序开始之前还需要进行工件定位调零和焦平面确认的工作,以保证激光打孔的定位精度,减少孔形误差。

(5)实施有效的激光打孔加工。

在一切准备工作就绪后,开始正式实施激光打孔。在加工过程中,应注意机器有无异常及外围条件(如保护气体压力等)有无变化,还应定时抽测工件,检测激光打孔的尺寸,及时排除激光大孔中出现的不稳定因素,确定激光打孔的质量。

4.3.2 影响激光打孔质量的工艺参数

激光打孔的工艺参数不同,打孔的质量也不同。激光打孔工艺如表 4-3 所示。

表 4-3 激光打孔工艺

打孔工艺参数	概念	注解
脉冲能量	激光脉冲能量 E 直接影响在材料上打孔的尺寸	孔的直径 d 和深度 h 约与能量的 1/3 次幂成正比

打孔工艺参数	概念	注解
脉冲宽度	采用不同脉宽的激光打孔,产生的现象和打孔原理有很大的区别。脉宽增大,会使较多的热作用于材料的非破坏性加热,使材料变形大、热应力大,易出现裂纹	孔深、孔径与激光脉宽无关,只与激光光束的脉冲能量及聚焦情况有关,采用准稳定破坏模型会忽略材料的飞溅物对激光的屏蔽作用,用这样推导出的公式描述孔的形成过程是比较粗糙的
脉冲波形	在脉宽选定之后,影响打孔质量的重要因素就是激光脉冲波形。激光波形既影响着孔的纵切面形状,也影响着孔壁的表面质量	应尽量选择前后沿陡、激光光强逐渐增长的波形来打孔,一般要求激光的前沿控制在$8\sim10\ \mu s$,后沿短于$8\ \mu s$,可以获得高的内壁质量。对于小于$50\ \mu m$的微孔,更要增加后沿的陡度,防止孔被液态物质堵塞
模式及光束发散角	激光的横模模式直接影响激光光束发散角,而激光光束发散角主要影响进出口孔径差和锥度。减小激光光束发散角可以通过激光谐振腔内的选横模措施实现,也可以通过在谐振腔外加光阑限制高阶模通过实现。选横模是减小激光光束发散角最有效的措施	在某些对精度要求不高的情况下,可以适当减小对激光光束发散角的要求。在激光谐振腔外加光阑的方法,可阻止高阶模的通过,可以有效地减小激光光束的发散角,同时激光的能量也相应地减小了,这里一定要保证光阑与激光光束的同轴性
光斑形状对打孔的影响	激光器在单横模的条件下工作,输出的激光光斑为强度按高斯分布的圆,但由于种种原因,如激光工作物质的光学不均匀性、激光物质的污染和损坏、谐振腔污染或光学系统镜片的污染、聚焦镜片的污染等会出现光斑分布不均匀的现象,这时打出孔的圆度将大受影响	光斑上光强分布的均匀性和圆度可以通过简单、直观的方法进行检测,把黑相纸垂直于激光光束的传输光轴放置,从在远场点打出的光斑花样可以很容易判断光强分布。在调整光路时,要先从激光器调起,再调整传输光路,因为激光调整后,光轴会有微位移,在要求精确定位时,需重新调整,使两光轴重合
不同材料的影响	材料的物理性质(如对光的吸收和透射性,导热性,熔点,沸点,比热容等)不同,对打孔热物理作用的敏感程度、去除材料的多少及再铸层的分布就不同,有时物质的化学性质也会影响激光打孔过程	当加工微米量级直径的微孔时,材料的影响就更加明显,如在同样厚度的铂片及不锈钢上打微孔时,铂片就难打得多,孔形也不易规整。材料不同、材料的金相组织不同,对激光打孔都有影响

根据激光打孔的特点,人们发明了很多辅助方法来提高激光打孔的质量和效率,具体可以分为三个内容:改善孔的形状、提高打孔效率、保护聚焦透镜,提高激光打孔的质量和效率的方法如表4-4所示。

表 4-4　提高激光打孔的质量和效率的方法

方法	类型	具体案例
改善孔的形状	① 在工作表面涂覆一层具有较低表面张力系数的液态薄膜(如石油、硅油)，该薄膜并不影响激光光束的聚焦，在高温下汽化极慢，可减少出入口处的沉积物，减小孔的锥度 ② 可在工件表面覆盖一层屏蔽层，如铝箔或用工件材料制成 0.2～0.6 mm 的薄片，屏蔽层的厚度根据被加工孔的锥部尺寸选取 ③ 在激光加工时，吹入压缩空气可减小孔的几何形状误差，提高表面质量 ④ 在工件下面一定距离处安装一个反射镜，从工件出来的激光经反射镜再作用于工件，适当选择反射距离，可以获得准确的出口直径及形状 ⑤ 在进行多脉冲加工时，可周期地把激光光束聚焦到孔底某位置，移动聚焦透镜与工件的相对位置或依次改换不同光阑的聚焦透镜来获得圆柱形孔	① 在陶瓷或甘金上打孔时，用码丝或硬质甘金制成的工具进行机械研磨，可减小孔的表面粗糙度，提高孔的精度 ② 在宝石、金刚石、陶瓷或硬质合金材料上打孔时，采用超声精加工降低孔的表面粗糙度，去除变质层，提高孔的精度和改善廓形 ③ 在铜及铜合金、铝及铝合金、碳钢及合金钢上打孔时，可用 70% 的硝酸溶液进行化学腐蚀，可以改善孔的横截面形状，减小表面粗糙度以及孔壁的波纹 ④ 在硅微晶玻璃、夹布玻璃胶板等复合材料上打孔，可用细的研磨粉加工，能减小孔的表面粗糙度，改善孔的纵面形状
提高打孔效率	① 在激光打孔时，同时吹压缩空气或其他气体，可以清除孔腔内的熔融物 ② 用等离子火焰、电流等预热加工区，可以增加材料的吸收，改善孔的质量与纵向廓形，减小表面粗糙度 ③ 在工件背面放置高吸收、易熔化和蒸发的材料，当激光作用形成孔时，这种易熔物开始汽化，并形成蒸气，加速孔内熔融物的喷发，从而改善孔的廓形	在玻璃、宝石和金刚石等透光材料上打孔时，可在其表面涂覆一层具有很好的光吸收性能的涂层，如炭黑、墨汁、气体炭黑液等。对金属进行表面处理，增加其表面粗糙度，有利于光的吸收。如把金刚石放在水银里打孔，把透光材料(如半导体等)放在具有很高吸收力的底座上打孔等
保护聚焦透镜	① 可在聚焦透镜与被加工材料的表面之间放置透光遮蔽物 ② 吹气保护 ③ 利用电场或磁场保护	如玻璃、电影胶片，采用带孔圆盘式叶片进行回转遮挡或采用液体保护层等

5

激光切割设备

5.1 激光切割基本知识

5.1.1 基本概念

激光切割设备主要用于将板材切割成所需形状的工件。利用激光光束的热能实现切割,就是借助激光光束照射到工件表面时释放的能量来使工件融化并蒸发。激光切割设备的工作过程:在数控程序的激发和驱动下,激光发生器内产生特定模式和类型的激光,经过光路系统传送到切割头,并聚焦于工件表面,将金属熔化;同时,喷嘴沿与光束平行的方向喷出辅助气体将熔渣吹走;在程控伺服电动机的驱动下,切割头按照预定路线运动,从而切割出各种形状的工件。

激光切割具有精度高、切割快、不局限于切割图案限制、可自动排版(节省材料)、切口平滑、加工成本低等特点,其将逐渐改进或取代传统的切割工艺。激光切割与传统的切割工艺对比如表 5-1 所示。

表 5-1 激光切割与传统的切割工艺对比

切割特点＼切割工艺	激光切割	气燃体切割	等离子切割	模冲切割	锯切割	线切割	水切割	电火花切割
切缝	很小	很大	较大	较小	较大	较小	较大	很小
变形	很小	严重	较大	较大	较小	很小	小	很小
精度	高	低	低	低	低	高	高	高
图形变更	很容易	较容易	较容易	难	难	容易	容易	容易
速度	较高	低	较高	高	很慢	很慢	较高	很慢
成本	较低	较低	较低	低	较低	较高	很高	很高

　　由表 5-1 可知，激光加工在整体上存在明显的优势。不论是在精度、速度，还是在成本方面，激光切割的优势都很明显，而且在图形变更方面也比其他加工方式容易得多，因此，激光加工是现代工业生产不可缺少的生产方式。

　　激光切割有以下几方面特点。

1. 激光切割的切缝窄，工件变形小

　　激光光束聚焦成很小的光点，使焦点处达到很高的功率密度。这时光束输入的热量远远超过被材料反射、传导或扩散的部分，材料很快加热至汽化程度，蒸发形成孔洞。随着光束与材料相对线性移动，孔洞连续形成宽度很窄的切缝。切边受热影响很小，基本没有工件变形。

　　激光切割过程中还添加与被切材料相适合的辅助气体。切割碳钢时采用氧气作为辅助气体与熔融金属产生放热化学反应氧化材料，同时帮助吹走割缝内的熔渣。切割聚丙烯一类塑料时使用压缩空气；切割棉、纸等易燃材料时使用惰性气体。进入喷嘴的辅助气体还能冷却聚焦透镜，防止烟尘进入透镜座内污染镜片并导致镜片过热。

2. 激光切割是一种能量高、密度可控性好的无接触加工

　　激光光束聚焦后形成具有极强能量的很小的作用点，把它应用于切割有许多特点。

　　（1）激光光能转换成惊人的热能并保持在极小的区域内，可提供狭窄的直边割缝、最小的邻近切边的热影响区、极小的局部变形。

　　（2）激光光束对工件不施加任何力，它是无接触切割工具，有以下优点。

　　① 工件无机械变形。

　　② 无刀具磨损，也谈不上刀具的转换问题。

　　③ 切割材料无须考虑材料的硬度，即激光切割能力不受被切材料硬度的影响，任何硬度的材料都可以切割。

　　（3）激光光束可控性强，并有高的适应性和柔性，有以下优点。

　　① 与自动化设备相结合很方便，容易实现切割过程自动化。

　　② 由于不存在对切割工件的限制，激光光束具有无限的仿形切割能力。

　　③ 与计算机结合，可自动排版，节省材料。

3. 激光切割具有广泛的适应性和灵活性

　　与其他常规加工方法相比，激光切割具有更大的适应性。与其他热切割方法相比，激光光束作用于一个极小的区域，切口窄、热影响区小，无明显的工件变形。激光能切割非金属，而其他热切割方法不能。碳钢激光切割如图 5-1 所示，不锈钢激光切割如图 5-2 所示。

5.1.2　激光切割方法

　　激光切割方法可分为激光熔化切割、激光氧化切割、激光汽化切割和激光导向断裂切割等，如图 5-3 所示。

　　不同激光切割方法与对应切割材料如表 5-2 所示。

图 5-1　碳钢激光切割

图 5-2　不锈钢激光切割

表 5-2　不同激光切割方法与对应切割材料

序号	激光切割方法	对应切割材料
1	激光熔化切割	不锈钢、铝
2	激光氧化切割	碳钢
3	激光汽化切割	木材、碳素材料和某些塑料
4	激光导向断裂切割	陶瓷

1. 激光熔化切割

在激光熔化切割中,工件材料在激光光束的照射下局部熔化,熔化的液态材料被气体吹走,形成切缝,切割仅在液态下进行,所以称为熔化切割。在切割时,与激光同轴的方向被供应高纯度的不活泼辅助气体,辅助气体不与金属反应,仅将熔化金属吹出切缝。这种切割方

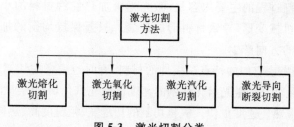

图 5-3　激光切割分类

法的激光功率密度为 1×10^7 W/cm² 左右。

切割速度随着激光功率的增加而增加,随着板材厚度的增加和材料熔化温度的增加而减小。在激光功率一定的情况下,限制切割速度的主要因数就是割缝处的气压和材料的热传导率。

2. 激光氧化切割

与激光熔化切割不同,激光氧化切割使用活泼的氧气作为辅助气体。氧气与已经炽热了的金属材料发生化学反应,释放出大量的热,使材料进一步被加热。材料表面在激光光束照射下很快被加热至燃点温度,与氧气发生激烈的燃烧反应,放出大量的热量,在此热量作用下,材料内部形成充满蒸气的小孔,而小孔周围被熔化的加工材料包围。燃烧物质转换成熔渣,控制氧气和加工材料的燃烧速度,氧气流速越高,燃烧化学反应和去除熔渣的速度也越快。但是如果氧气流速过快,将导致割缝出口处的反应产物即金属氧化物的快速冷却,对切割质量造成不利影响。切割过程存在两个热源:激光光束照射能和化学反应所产生的热能。据估计,切割碳钢时,氧化反应所产生的热能占切割所需能量的 60%。在氧化切割过程中,如果氧化燃烧的速度高于激光光束移动的速度,则割缝宽且粗糙;反之,如果速度慢,则割缝窄而光滑。

3. 激光汽化切割

激光光束焦点处功率密度非常高,可达 1×10^6 W/cm² 以上,激光光能转换成热能,保持在极小的范围内,材料很快被加热至汽化温度,部分材料汽化为蒸气逸去,部分材料被辅助气体吹走,随着激光光束与材料之间连续不断地相对运动,便形成宽度很小(如 0.2 mm)的割缝。这种切割方法的功率密度在 1×10^8 W/cm² 左右。一些不能熔化的材料,如木材、碳素材料和某些塑料,可以通过这种方法进行切割。激光汽化切割用在加工精密模型和尖角时是不好的(有烧掉尖角的危险),可以使用脉冲模式的激光来限制热影响。

激光汽化切割所用的激光功率决定切割速度。在激光功率一定的情况下,限制因数就是氧气的供应和材料的热传导率。在激光汽化切割中,最优光束聚焦取决于材料厚度和光束质量。激光功率和汽化热对最优焦点位置是有一定影响的。在板材厚度一定的情况下,最大切割速度反比于材料的汽化温度。激光汽化切割所需的激光功率密度要大于 1×10^8 W/cm²,其取决于材料种类、切割深度和光束焦点位置。在板材厚度一定的情况下,假设有足够的激光功率,最大切割速度受气体射流速度的限制。

4. 激光导向断裂切割

对于容易受热破坏的脆性材料,通过激光光束加热进行高速、可控的切断,称为激光导向断裂切割。这种切割过程的主要内容是:激光光束加热脆性材料的小块区域,引起该区域大的热梯度和严重的机械变形,导致材料形成裂缝。只要保持均衡的加热梯度,激光光束可引导裂缝在任何需要的方向产生。

选择切割方法,需考虑它们的特点和板件的材料,有时也要考虑切割的形状。由于汽化相对熔化需要更多的热量,因此,激光熔化切割的速度比激光汽化切割的速度快,激光氧化切割则借助氧气与金属的反应热使速度更快。氧化切割的切缝宽、粗糙度高、热影响区大,因此切缝质量相对较差,而熔化切割割缝平整、表面质量高,汽化切割因不发生熔滴飞溅,切割质量最好。另外,熔化切割和汽化切割可获得无氧化切缝,对于有特殊要求的切割有重要意义。

一般的材料可用氧化切割完成,如果要求表面无氧化,则须选择熔化切割。汽化切割一般用于对尺寸精度和表面粗糙度要求很高的情况,但其速度也最低。另外,切割的形状也影响切割方法,在加工精细的工件和尖锐的角时,氧化切割可能是危险的,因为过热会使细小部位烧损。

5.2 激光切割设备的基本结构

5.2.1 激光切割设备的分类

激光切割设备按光路系统分类,可以分为定光路系统、半飞行光路(龙门式)系统和飞行光路系统,如图 5-4 所示。

激光切割设备按照激光器功率分类,可以分为高功率激光切割设备、中小功率激光切割设备;按照激光器类型分类,可以分为光纤激光切割设备、CO_2 激光切割设备、固体激光切割设备、半导体激光切割设备等;按照加工材料分类,可以分为金属切割设备和非金属切割设备;按照切割材料形状分类,可以分为二维激光切割设备、三维激光切割设备等。

5.2.2 激光切割设备的基本组成

1. 机床

激光切割设备机床如图 5-5 所示。全部光路安置在机床的床身上,床身上装有横梁、切割头支架和切割头工具,通过特殊的设计,可以消除在加工期间由于轴的加速带来的振动。机床底部分成几个排气腔室,当切割头位于某个排气室上部时,阀门打开,废气被排出。通过支架隔架,小工件和料渣落在废物箱内。

2. 工作台

激光切割设备工作台如图 5-6 所示。移动式切割工作台与主机分离,柔性大,可加装焊接、切管等功能。配有两张 1.5 m×4 m 的工作台供交换使用,当一张工作台在进行切割加工时,另一张工作台可以同时进行上下料操作,有效提高了工作效率。两张工作台可通过编

（a）定光路系统

（b）半飞行光路（龙门式）系统

（c）飞行光路系统

图 5-4　激光切割设备分类

图 5-5　激光切割设备机床

程或按钮自动交换。工作台下方配有小车收集装置,切割的小料及金属粉末会集中收集在小车中。

图 5-6   激光切割设备工作台

3. 切割头

切割头是光路最后的器件,其内置的透镜将激光光束聚焦,标准切割头的焦距有 5 in(1 in≈2.54 cm)和 7.5 in(主要用于割厚板)两种。切割质量与喷嘴和工件表面的间距有关,德国 PRECITEC 公司生产的非接触式电容传感头,在切割过程中可实现自动跟踪修正喷嘴与工件表面的间距,调整激光焦距与板材的相对位置,以消除因切割板材不平整对切割材料造成的影响。

激光切割头的组成部分有喷嘴、聚焦透镜和聚焦跟踪系统。喷嘴的形式和喷头的尺寸对切割质量的影响很大。常用的激光切割头喷嘴的类型主要有平行式、收敛式和锥形式三种,如图 5-7 所示。常用的喷嘴实物如图 5-8 所示,常用的激光切割头如图 5-9 所示。

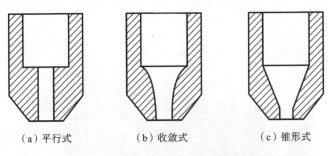

（a）平行式　　　　　（b）收敛式　　　　　（c）锥形式

图 5-7   常用的激光切割头喷嘴的类型

目前,国外有些机构应用气体动力学的知识,研究出了收敛-扩张式喷嘴,此种类型的喷嘴应用于切割时,具有良好的切割特性。但是,由于该喷嘴具有复杂的内腔,加工的工艺性和精细度受到限制,使得其无法投入产业化生产。

4. 控制系统

控制系统包括数控系统(集成可编程序控制器 PLC)、电控柜及操作台。PMC-1200 数控

图 5-8　常用的喷嘴实物

图 5-9　常用的激光切割头

系统由 32 位 CPU 控制单元、数字伺服单元、数字伺服电动机、电缆等组成,采用全中文界面, 10.4 in 彩色液晶显示器,能实现机外编程计算机与机床的控制系统之间的数据传输通信(具有 232 接口),有加速、突变限制,具有图形显示功能,可对激光器的各种状态进行在线和动态控制。激光切割控制台如图 5-10 所示。

5. 控制柜

控制柜具有控制和检查激光器的功能,并可显示系统的压力、功率、放电电流信息和激光器的运行模式。

6. 激光器

德国 ROFIN 公司生产的 SLAB3000W 型激光器是目前世界先进的 RF 激励板式放电的 CO_2 激光器,被大量采用。其心脏是谐振腔,激光光束就在这里产生,激光气体是由 CO_2 、

图 5-10　激光切割控制台

N_2、He 组成的混合气体,通过涡轮机使气体沿谐振腔的轴向高速运动,气体在前后两个热交换器中冷却,以利于高压单元将能量传给气体。

7. 冷却设备

冷却设备用于冷却激光器、激光气体和光路系统。冷却设备如图 5-11 所示。

图 5-11　冷却设备

8. 除尘系统

除尘系统包括内置管道及风机,用于改善工作环境,如图 5-12 所示。切割区域内装有大通径的除尘管道及大全压的离心式除尘风机、全封闭的机床床身及分段除尘装置,具有较好的除尘效果。

9. 供气系统

供气系统包括气源、过滤装置和管路。气源含瓶装气和压缩空气。

图 5-12 除尘系统

5.2.3 中小功率激光切割设备

中小功率激光切割设备的主要组成如图 5-13 所示。下面分别介绍部分组成系统。

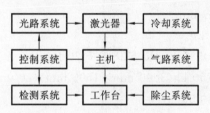

图 5-13 激光切割设备的组成

1. 激光器

按工作物质的种类不同,激光器可分为固体激光器、气体激光器、液体激光器和半导体激光器四大类。由于氦-氖气体激光器所产生的激光不仅容易控制,而且方向性、单色性及相干性都比较好,因而在机械制造的精密测量中被广泛采用。激光加工要求输出功率与能量大,目前多采用 CO_2 激光器及红宝石、钕玻璃、YAG 激光器等固体激光器。

2. 主机

按切割柜与工作台相对移动的方式不同,主机可分为以下三种类型。

(1) 在切割过程中,光束(由割炬射出)与工作台都移动,一般光束沿 Y 轴移动,工作台沿 X 轴移动。

(2) 在切割过程中,只有光束移动,工作台不移动。

(3) 在切割过程中,只有工作台移动,光束固定不动。

3. 电源

三相电压稳定度±5％，不平衡度 2.5％。

4. 控制系统

1）导光聚焦系统

根据被加工工件的性能要求，光束经放大、整形、聚焦后作用于加工部位，这种从激光器输出窗口到被加工工件之间的装置称为导光聚焦系统。

2）激光加工系统

激光加工系统主要包括床身、能够在三维坐标范围内移动的工作台及机电控制系统等。随着电子技术的发展，许多激光加工系统已采用计算机来控制工作台的移动，实现激光加工的连续工作。

G 3015 数控切割机的主要技术参数如下。

（1）切割区域：3000 mm×1500 mm。

（2）Z 轴行程：70 mm。

（3）机器精度（根据 VDL/DGQ 3441）：±0.1 mm/m。

（4）重复精度：±0.05 mm。

（5）X 轴、Y 轴最大定位速度：100 m/min。

（6）X 轴、Y 轴最大联动定位速度：141 m/min。

（7）最大轴向加速度：8 m/s^2。

（8）最大切割速度：50 m/min。

（9）机器自重：约 12000 kg。

（10）颜色标准：NCS S 0585-Y80R，NCS S 7020-R60B。

（11）工作台最大承重：750 kg（3000 mm×1500 mm×20 mm）。

（12）切割台交换时间：约 35 s。

3）控制系统的功能特点

控制系统的功能特点如下。

（1）Laser Cut 激光切割控制系统（钢板）支持 AI、DXF、PLT 等图形数据格式，接受 Master Cam、Type3、文泰等软件生成的国际标准 G 代码。

（2）导入 DXF 图形时，直接提取 AutoCAD 文字轮廓。

（3）系统支持输入 TrueType 字体文字，能直接对输入文字进行切割加工。

（4）系统调入图形图像数据后，可进行排版编辑（如缩放、旋转、对齐、复制、组合、拆分、光滑、合并等操作）。

（5）支持对单个图形进行阵列复制。

（6）对导入的数据进行合法性检查，如封闭性、重叠、自相交检查，以及图形之间的距离检测等，确保加工中不过切、不费料。

（7）根据切割类型（阴切、阳切）、内外关系、干涉关系，自动计算切割图形的引入、导出线，保证断口光滑。

（8）自动计算切割割缝补偿，减少加工数据制作时间，确保加工图形尺寸准确。

（9）根据加工工艺需要，可任意修改图形切割开始位置和加工方向，同时系统动态调整引入、引出线位置，自动优化加工顺序，同时还可以手动调整，减少加工时间，提高加工效率。

（10）可以分层输出数据，对每层可以单独定义输出速度、转弯加速度、延时等参数，并自动保存每层的定义参数。调整图层之间的输出顺序，设置图层输出次数和是否输出图层数据。

（11）选择图形输出，支持在任意位置加工局部数据，对补料特别有用，同时可以使用裁剪功能，对某个图形的局部进行加工，在加工过程中，实时调整加工速度。

（12）独特断点，加工过程中可以沿轨迹前进、回退，可灵活处理加工过程中遇到的各种情况。

（13）根据加工图形、原材料大小，进行自动套料（可选功能模块）。

5.2.4 激光切管设备

激光切管设备可对圆形管、方管、矩形管、腰圆管、椭圆管等材料进行高速、高质量的激光切割，其切割断面无毛刺、无挂渣，切割图形多样化，可实现任意图形的切割。激光切管设备如图 5-14 所示，激光切管设备实物图如图 5-15 所示。

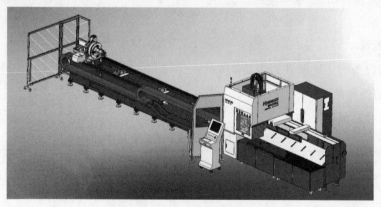

图 5-14　激光切管设备

HP6018D 激光切管设备具备强大的切割能力、超高的稳定性、极低的运行成本以及超高的适应能力。激光切管设备采用简易龙门结构形式，电动机齿轮、齿条驱动，传动部件（如变速箱、导轨、齿轮、齿条）均采用国外知名品牌，具有结构稳定、刚性好、重量轻、动态响应高的特点，其最高定位速度达 80 m/min；在控制方面，将世界顶级的德国倍福产品与一流的高功率激光器配套，组成集高稳定性、高精度、高性能于一体的先进的数控激光切管设备。

激光切管设备适用于汽车、机车、电器、液压、纺织、医疗、装饰、家具等行业。

1. 功能特点

激光切管设备的功能特点如下。

（1）可选配全自动上下料。

（2）采用智能系统，可高度集成，真正实现柔性化加工。

图 5-15　激光切管设备实物图

（3）整机高度集成，具有良好的系统性能及高寿命。

（4）高度自动化，抗干扰能力强，动态响应速度快。

（5）集中式操作，柔性化加工，自动上下料，装卡方便、快捷。

（6）维护及保养简便，基本免维护。

（7）切割精度高，运行成本低。

2. 主要配置

激光切管设备的主要配置如表 5-3 所示。

3. 激光切管样品

激光切管样品如图 5-16 所示。

表 5-3　激光切管设备的主要配置

序号	分项名称	备注
1	床身（X 轴齿轮、齿条传动）	直线导轨 齿条 减速机
	横梁（Y 轴滚珠丝杠传动）	
	Z 轴箱（Z 轴滚珠丝杠传动）	
	主轴箱（A 轴齿轮传动）	
2	自动上料系统	自动上料
3	自动下料系统	最大下料长度为 3 m，可延长
4	卡盘最大夹持管径	外接圆直径 $\Phi \leqslant 180$ mm
5	卡盘数量	标准 2 卡盘
6	激光切割头	Precitec LightCutter
7	高度跟踪传感器	Precitec
8	CNC 数控系统	Beckhoff
	伺服电动机与驱动	Beckhoff

序号	分项名称	备注
9	操作系统	Windows 7.0
	操作软件	激光切管设备操作系统
	工控机	全铝低功耗、高性能工控机
	控制柜、操作台等	控制柜、操作台等
	编程套料软件	RADAN
10	激光器	原装 IPG 进口
11	冷水机组、稳压电源	辅助配置
12	抽风系统	抽风除尘器
13	配气系统	品牌范围：美国 Park、日本 SMC、中国台湾 Air-TAC、美国 SWAGELOK

图 5-16 激光切管样品

5.2.5 三维机器人激光切割设备

三维机器人激光切割床外观如图 5-17 所示。三维机器人激光切割样品如图 5-18 所示。

图 5-17 三维机器人激光切割床外观

1. 三维机器人激光切割设备的优点

三维机器人激光切割设备的优点为柔性高，尤其适合小批量的三维钣金切割，其高柔性主要表现在以下两个方面。

（1）对材料的适应性强，激光切割设备通过数控程序基本上可以切割任意板材。

（2）加工路径由程序控制，如果加工对象发生变化，只需修改程序即可，这一点在零件修边、冲孔时体现得尤为明显。因为传统的修边、冲孔对不同零件的加工无能为力，而且模具的成本高，所以目前三维激光切割有取代传统的修边、冲孔的趋势。一般来说三维机械加工的夹具设计及使用比较复杂，但激光加工时对被加工板材不施加机械加工力，这使得夹具制作变得很简单。此外，一台激光设备如果配套不同的硬件和软件，就可以实现多种功能。

总之，在实际生产中，三维激光切割设备在提高产品质量、生产效率，缩短产品开发周期、降低劳动强度、节省原材料等方面优势明显。因此，尽管设备成本高、一次性投资大，国内还是有很多汽车、飞机生产厂家购进了三维激光切割设备，部分高校也购进了相应设备进行科研，三维激光技术势必在我国制造业中发挥越来越大的作用。

2. 三维机器人激光切割的优缺点

（1）工业机器人和五轴机床都能进行空间轨迹描述实现三维立体切割，工业机器人的重复定位精度比五轴机床的稍低，约为 $100\ \mu m$，但这完全可以满足汽车钣金覆盖件和底盘行业的精度要求。而采用工业机器人大大降低了系统的成本造价，减少了耗电系统费用和系统运行维护成本，减少了系统的占地面积。

（2）光纤激光相比传统激光，具有更好的切割质量，更低的系统造价，更长的使用寿命和更低的维护费用，更低的耗电量。光纤激光器的激光可以通过光纤传输，方便与工业机器人连接，实现柔性加工。

（3）三维机器人激光切割唯一的缺陷是只能加工金属工件，不能加工非金属工件。这是因为该系统采用的是光纤激光，其波长为 1064 nm，这种波长的激光不易被非金属工件吸收。

（4）采用工业机器人与光纤激光器的组合进行加工，修边、冲孔等工艺可一次性完成，切口整齐，无须后续再处理工作，大大缩短了工艺流程，降低了人工成本和模具费用的投入，也提高了产品档次和附加值。选配离线编程软件,通过数值模拟直接生成切割轨迹,抛弃了繁杂的人工示教,更加适合小批量多批次的新品试制和非标定制等个性化的切割需求。

(5) 先进光纤激光技术与数字控制技术完美融合,代表着最先进的激光切割水平;专业的激光切割机控制系统由计算机操作,能够保证切割质量,使切割工作更方便,操作更为简单;配置智能机械手,可实现三维立体切割,操控方便,智能化程度高,保证设备的高速度、高精度、高可靠性;激光切割头配置进口激光切割头,反应灵敏、准确,与机械手有效配合,避免切割头与加工板材碰撞,并能保证切割焦点的位置,保证切割质量稳定;激光切割头可承受1.0 MPa 气体压力,高压气路设备提高了对不锈钢等难切割材料的切割能力。

3. RC2000H 型激光切割机

RC2000H 型激光切割机采用进口高精度机器人、高功率光纤激光器、PLC、触摸屏,是集激光切割、精密机械、数控技术等学科于一体的高新技术产品,具有高速、高精度、高效率、高性价比等特点,其主要配置如下。

(1) 采用龙门倒挂结构、整体焊接立柱、横梁和床身,具有较大的刚度和较强的稳定性、抗震性。

(2) 采用 STAUBLI-RX160L 高精度机器人,重复定位精度±0.05 mm。床身采用精密直线导轨作为传动元件,精度高、速度快,可实现快速定位及双工位切换。

(3) 采用西门子 PLC 和日本富士触摸屏对机器人、激光器等进行集中控制。

(4) 配有手动调整焦点的切割头,反应灵敏、准确。切割头通过电容式传感器来控制电动机驱动切割头上下运动,使切割时激光焦距(喷嘴)相对切割板材的距离保持不变,保证了切割的质量,同时,可以根据切割板材的材质和厚度,上下调节焦点的位置,保证切割质量。

(5) 气路元件全部采用进口元件,设计先进、可靠,可同时装有三种不同的切割气体且可以自由选择,整个气路系统采用耐高压设计,在切割不锈钢板时,氮气压力可达 1.5 MPa,保证了系统的稳定性、提高了切割机的可靠性和保证了切割面的表面质量。

(6) 操作台操作舒适、美观大方,操作机床如同操作取款机一样简单。

大族 RC2000H 型激光切割机,采用高功率光纤激光器,配备精密直线导轨等传动机构,通过西门子 PLC 系统集合而成的精密数控激光三维切割机,是集激光切割、精密机械、数控技术等学科于一体的高新技术产品,主要用于形状复杂的三维工件的切割和成形,如汽车车门、保险杠、B 柱等。具有高精度、高效率、高性价比等特点。根据所选择的激光器功率的大小不同,材料切割的范围有所不同。

4. 三维机器人激光切割设备结构及其工作原理、工作特性

RC2000H 型激光切割机的主要组成部分有机床主机部分、机器人、控制系统、激光器、冷水机、空压机、冷干机等。

机床主机部分是整个激光切割机最主要的部分,主机部分由床身、立柱、横梁、工作台、气路及水路等部分组成。其他辅助外围设备包括冷水机组、冷风系统。

机床主机主要部件或功能单元的结构、作用及工作原理如下。

(1) 床身由球墨铸铁焊接而成,焊件采用退火方式消除铸造内应力(热时效),并一次性加工而成,应力消除得较为彻底,减小了床身的变形,确保机床的精度长期保持不变。

（2）立柱、横梁部分均由球墨铸铁焊接而成,焊件采用退火方式消除铸造内应力（热时效）,并一次性加工而成,横梁安装在立柱上,整体强度、刚度大,保证机器人倒挂安装后,长期保持较高的精度。

（3）工作台为整体焊接结构,具有较好的强度及稳定性。工作台具有多次定位功能,工件在一侧切割时,另一侧可以上下料,可提高切割机的工作效率,并且切割范围全封闭,有效保障了操作人员的安全。工作台通过链装置传动,实现快速定位,大大提高了生产效率。工作台表面配有螺纹孔,用于固定及定位工件。

（4）电气控制系统主要由 ABB 机器人本体、PLC、触摸屏和低压电气系统组成。

图 5-18　三维机器人激光切割样品

5. 各单元结构之间的机电联系、故障报警系统

三维机器人激光切割设备各部分紧密联系,相辅相成。稳压电源为冷水机、激光器及主机提供优质电源;冷水机为激光器及主机提供冷却;机床及其他各部分都为切割机主机服务,为主机的正常加工运行提供保障。

1）气路系统

激光切割机的气路系统为切割头提供切割气体以及为陶瓷体提供冷却气体,气路系统中有清洁干燥的压缩空气、高纯氧气和高纯氮气。

对于压缩空气而言,从压缩机出来的气体经过储气罐和冷干机进入气控柜后,经过一套精密空气处理系统,变成清洁干燥的气体,气体分成两路:一路作为切割气体;一路作为气缸使用气体。气体使用的压力由对应的调压阀来调整。

切割气体分为压缩空气、氧气和氮气,并且这三种气体可根据不同的要求来选择。压缩空气与氧气主要用来切割普通碳钢,氮气主要用来切割不锈钢、合金钢及铝合金。针对不同的材料来选用不同的切割气体。另外,由于切割气体系统里面安装了压力传感器,确保了机床在气体压力不够的时候能及时停止工作,避免了切割零件的报废。气压阈值可以通过调节压力传感器上部的螺钉设定,切割用的压缩空气和氧气也可以由程序控制比例调节阀来调节。

2）水路系统

激光切割机的水路系统的冷水机采用的是双温冷水机,一路冷却水对激光器进行冷却,一路冷却水对 QBH 与切割头进行冷却。

3）配置稳压电源

稳压电源能保证机器输入电压的稳定,使机器在比较良好的状态下工作,容量为 50

KVA 的稳压电源能满足整个主机、激光器和 CNC 的总负荷。

5.2.6 紫外激光切割设备

　　紫外激光切割设备是采用紫外激光的切割系统,比传统波长切割设备具有更高的精度和更好的切割效果。紫外激光切割设备及加工样品如图 5-19 所示。利用高能量的激光源精确控制激光光束可以有效地提高加工速度并得到更精确的加工结果。紫外激光切割具有高的切割质量、高的切割速度,切割完成后芯片背面无崩边现象,切口窄、切口边缘整齐。激光加工过程中无刀具磨损,刀具不接触晶片,无切削力作用于工件,因此,无机械变形。激光光束能量密度高,加工速度快,并且是局部加工,对非激光照射部位没有影响或影响极小。激光光束易于导向、聚焦、实现方向变换,易与数控系统配合,可对复杂工件进

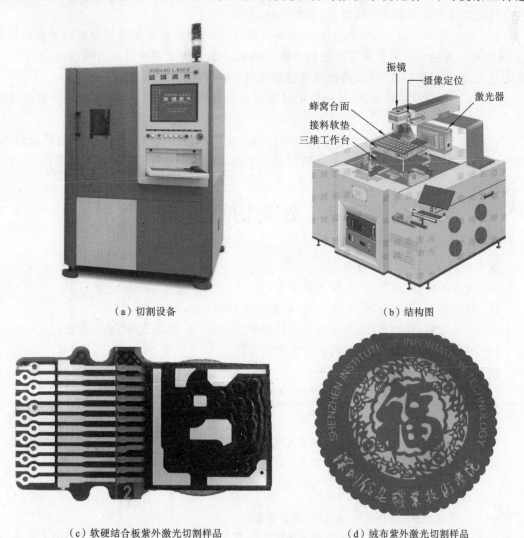

　　（a）切割设备　　　　　　　　　　　　　　（b）结构图

　（c）软硬结合板紫外激光切割样品　　　　　（d）绒布紫外激光切割样品

图 5-19　紫外激光切割设备及加工样品

行灵活加工。

在整个光化学加工过程中,由于紫外激光的波长短,激光光束中单光子能量大于材料的分子束缚能量,利用激光的光子能量直接破坏材料的化学键,在材料表面形成等离子体,等离子体在材料表面形成黑点,使材料吸收激光能量持续汽化,材料以小颗粒或者气态的方式排出,形成小孔。

紫外激光切割设备的特点如下。

(1) 激光在挠性电路板制造过程中有三个主要功能:FPC 外形切割,覆盖膜开窗,钻孔。

(2) 直接根据 CAD 数据进行激光切割,更方便、快捷。

(3) 不因形状复杂、路径曲折而增加加工难度。

(4) 采用模具等机械加工方式开窗难免在窗口附近会有冲形后的毛刺和溢胶,这种毛刺和溢胶经贴合、压合上焊盘后是很难去除的,会直接影响其后的镀层质量,而覆盖膜开窗切割出的覆盖膜轮廓边缘齐整圆顺、光滑无毛刺、无溢胶。

(5) 挠性板样品加工经常由于客户出现线路、焊盘位置的修改要求而需要变更覆盖膜窗口,采用传统方法则需要重新更换或修改膜。而采用激光紫外切割只需要将修改后的 CAD 数据导入,就可以很轻松、快捷地得到想要开窗图形的覆盖膜。

(6) 激光切割设备精度高,是挠性电路板成形处理的理想工具,可以将材料切割成任意形状。

(7) 在以往的大批量生产中,许多小部件都是由机械硬冲压成形的模具压制形成的,但是硬冲模法损耗大、交付周期长,对小部件的加工和成形而言显得不实用且成本高。

5.3 激光切割工艺

激光切割效果取决于下述参数。

(1) 激光器参数:喷嘴大小、切割头类型。

(2) 激光参数:光束强度、光斑尺寸、激光输出功率。

(3) 工艺参数:切割速度、每单位长度的能量、焦点位置、辅助气体、喷嘴参数。

(4) 材料参数:材料特性、材料的表面粗糙度。

激光切割主要参数如表 5-4 所示。

表 5-4 激光切割主要参数

参数	内容
切割速度	给定激光功率密度和材料,切割速度符合一个经验公式,只要在阈值以上,切割速度与激光功率成正比,与被切割材料的密度和厚度成反比,提高切割速度有以下方法。 (1) 提高功率(500~3000 W)。 (2) 改变光束模式。 (3) 减小聚焦光斑大小(如采用短焦距透镜)。 在切割金属材料时,其他工艺变量保持不变,激光切割速度可以有一个相对调节的范围,能保证比较满意的切割质量。在切割薄金属时,这种调节范围比较宽

参数	内容
焦点位置	激光光束聚光后,光斑大小与透镜焦长成正比。光束经短焦距透镜聚焦后,光斑尺寸很小,焦点处功率密度很高,对材料切割很有利,但它的不利之处在于焦深很短,调节余量很小,一般适用于高速切割薄材。长焦距透镜有较长的焦深,具有足够的功率密度,用来切割厚工件比较合适。由于焦点处功率密度最高,在大多数情况下,焦点位置应刚好处于工件表面,或稍在工件表面之下,确保焦点与工件相对位置恒定是获得稳定的切割质量的重要条件,有时透镜在工作中因冷却不善而引起焦距变化,这就需要及时调整焦点的位置
辅助气体	辅助气体与激光光束同轴喷出,保护透镜免受污染并吹走切割区底部熔渣,对非金属和部分金属材料,使用压缩空气或惰性气体,清除熔化和蒸发的材料,同时抑制切割区过度燃烧。大多数金属激光切割使用活性气体(氧气),气体与灼热的金属发生氧化放热反应,这部分附加热量可提高切割速度
辅助气体气压	当高速切割薄材料时,气体压力要大,以防止切口背面留渣;当低速切割厚材料时,气体压力可以适当减小
激光输出功率	激光功率大小和模式好坏都会对切割产生重要的影响,实际操作时,常常设置最大功率以获得高的切割速度或用以切割较厚的材料

表 5-4 显示了可能影响切割效果的主要参数,表 5-5、表 5-6、表 5-7 分别列出了切割参数的典型值,它们并不适用于具体的个案,但可用其作为参考,找出正确的启动参数。

表 5-5　DC030 不锈钢切割参数典型值

材料厚度 /mm	焦距 /in	焦点位置 /mm	激光器功率/W	切割速度 /(m/min)	N_2 气体压强/bar	喷嘴直径 /mm	喷嘴距板面距离/mm
1	5	−0.5	3000	28	10	1.5	0.5
2	5	−1	3000	8	10	1.5	0.5
3	5	−2	3000	4.75	15	1.5	0.5
4	7.5	−3	3000	3.8	17.5	2	0.7
5	7.5	−4	3000	2.2	20	2	0.7
6	10	−5	3000	2	20	2.2	0.7
8	12.5/15	−6	3000	1.3	20	3	0.7
10	15	−6	3000	0.55	20	3	0.7

表 5-6　DC030 低碳钢切割参数典型值

材料厚度 /mm	焦距 /in	焦点位置 /mm	激光器功率/W	切割速度 /(m/min)	O_2 气体压强/bar	喷嘴直径 /mm	喷嘴距板面距离/mm
1	5	0	750	9	3.5	1	0.5
2	5	−0.5	800	7	3	1	1
3	5	−0.5	800	4	3	1	1

续表

材料厚度 /mm	焦距 /in	焦点位置 /mm	激光器功率/W	切割速度 /(m/min)	O₂ 气体压强/bar	喷嘴直径 /mm	喷嘴距板面距离/mm
4	7.5	2	3000	4.2	0.7	1	1
6	7.5	2	3000	3.3	0.7	1.2	1
8	7.5	2	3000	2.3	0.7	1.5	1
10	7.5	2	3000	1.8	0.7	1.5	1
12	7.5	2	3000	1.5	0.7	1.5	1
15	7.5	2	3000	1.1	0.7	2	1
20	7.5	2.5	3000	0.7	0.7	2.4	1

表 5-7 DC025 AlMg₃N₂ 切割参数典型值

材料厚度 /mm	焦距 /in	焦点位置 /mm	激光器功率/W	切割速度 /(m/min)	O₂ 气体压强/bar	喷嘴直径 /mm	喷嘴距板面距离/mm
2	7.5	−2.5	2500	4.5～6.5	10～12	1.5	≥1.0
3	7.5	−3.5	2500	3.0～4.0	12～15	1.5	≥1.0
4	7.5	−5.0	2500	1.5～2.0	12～16	2.0	≥1.0
5	7.5	−5.0	2500	0.9～1.0	12～16	2.0	≥1.0

激光切割样品如图 5-20 所示。

图 5-20 激光切割样品

5.4 激光切割缺陷评价与分析

激光切割所需要的激光功率主要取决于切割类型以及被切割材料的性质。激光切割缺陷主要有切不透、黏熔渣、切割面粗糙、切割面不规则、切割面有毛刺等。激光功率对切割厚度、切割速度和切口宽度等有很大影响。一般,激光功率增大,所能切割材料的厚度也增加,切割速度加快,切口宽度也加大。

激光功率对切割过程和质量有决定性的影响:功率太小无法切割;功率不足,切割后产生熔渣;功率过大,整个切割面熔化;功率适当,切割面良好,无熔渣。

气体有助于散热及助燃,吹掉溶渣,改善切割面品质。气体压力对切割的影响:气体压力不足时,切割面产生熔渣,切割速度无法加快,影响效率;气体压力过低时,不易穿透,切割时间延长;气体压力过高时,气流过大,切割面较粗,且缝较宽,造成切割面部分熔化,无法得到好的切割质量;气体压力太高时,会造成穿透点熔化,形成大的熔化点。所以薄板穿孔的质量较高,厚板的则较低。

有机玻璃属于易燃物,为了得到透明、光亮的切割面,选用氮气或空气阻燃,必须在切割时根据实际情况选择合适的压力。气体压力越小,切割光亮度越高,产生的毛断面越窄。但气体压力过低,会造成切割速度慢,板面下会出现火苗,影响下表面质量。

碳钢氧气切割如表 5-8 所示,不锈钢高压氮气切割如表 5-9 所示。

表 5-8 碳钢氧气切割

现象	原因	解决方法
没有毛刺,切割良好	①功率正确; ②切割速度正确	—
切痕方向在底部偏离,切割底部较宽	①切割速度太高; ②激光功率偏低; ③气体压力偏低; ④焦点位置偏高	①降低切割速度; ②提高激光功率; ③提高气体压力; ④降低焦点位置
切缝底部两侧有类似熔渣的毛刺,呈水珠形状,容易去除	①切割速度偏高; ②气体压力偏低; ③焦点位置偏高	①降低切割速度; ②提高气体压力; ③降低焦点位置

续表

现象	原因	解决方法
割缝底部两侧的熔渣黏在一起	焦点位置偏高	降低焦点位置
割缝底部两侧有熔渣,很难清除	①切割速度太高; ②气体压力偏低; ③焦点位置偏高; ④气体内有杂质	①降低切割速度; ②提高气体压力; ③降低焦点位置; ④使用符合纯度要求的气体
仅在割缝底部一侧有毛刺	①喷嘴不在中心; ②喷嘴孔不圆	①调整喷嘴; ②更换喷嘴
有蓝色的等离子气体产生,工件不能割透	①辅助气体接错; ②切割速度太高; ③激光功率太低	①使用需要的辅助气体; ②降低切割速度; ③提高激光功率
切割面不规则	①气体压力偏高; ②喷嘴损坏; ③喷嘴直径太大	①降低气体压力; ②更换喷嘴
没有毛刺,切痕向后倾斜,切缝底部窄	切割速度太高	降低切割速度
切割面上有蚀坑	①切割速度偏低; ②气体压力太大; ③焦点位置较高; ④材料表面锈蚀; ⑤材料过热; ⑥材料中有杂质	①提高切割速度; ②降低气体压力; ③降低焦点位置; ④使用好的材料

续表

现象	原因	解决方法
切割面十分粗糙 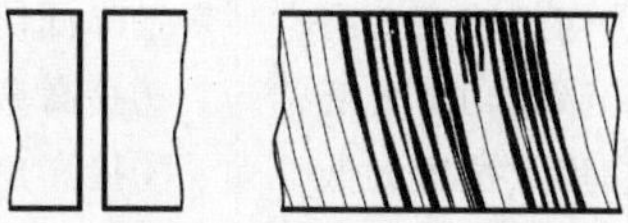	①切割速度太低; ②气体压力较高; ③焦点位置偏低; ④材料过热	①提高切割速度; ②降低气体压力; ③提高焦点位置; ④冷却材料

表 5-9　不锈钢高压氮气切割

现象	原因	解决方法
割缝两侧有小的、规则的毛刺 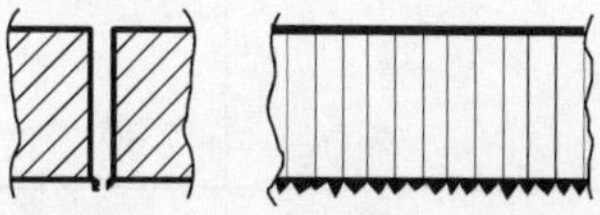	①切割速度太高; ②焦点位置太低	①降低切割速度; ②提高焦点位置
割缝两侧有长线状、不规则的毛刺 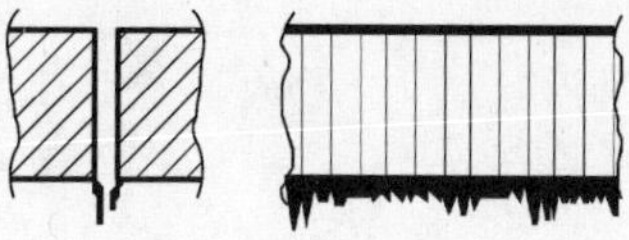	①切割速度太低; ②气体压力太低; ③焦点位置太高; ④材料过热	①提高切割速度; ②提高气体压力; ③降低焦点位置; ④冷却材料
仅在割缝一侧有长线状、不规则的毛刺 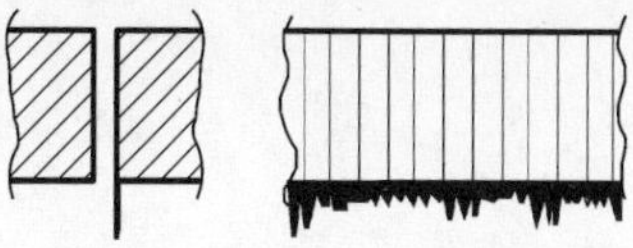	①切割速度太低; ②气体压力太低; ③焦点位置太高; ④喷嘴不在中心	①提高切割速度; ②提高气体压力; ③降低焦点位置; ④调整喷嘴
切割边呈黄色 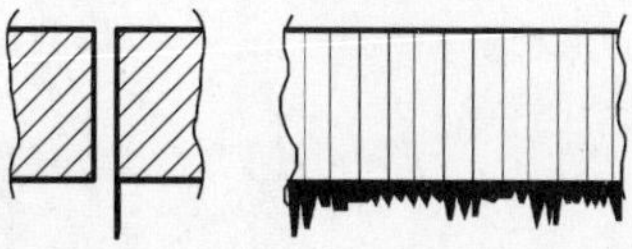	氮气不纯,含有氧气	使用高纯度氮气
有等离子气体产生,工件不能割透 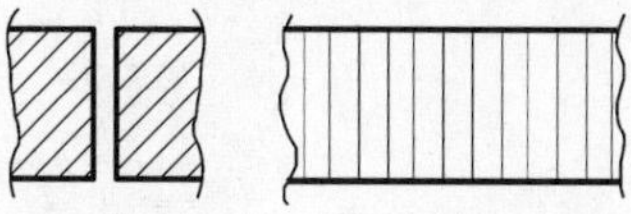	①切割速度太高; ②激光功率太低; ③焦点位置太低	①降低切割速度; ②提高激光功率; ③提高焦点位置

现象	原因	解决方法
光束中断	①切割速度太高； ②激光功率太低； ③焦点位置太低	①降低切割速度； ②提高激光功率； ③提高焦点位置
割缝粗糙	①喷嘴损坏； ②镜片污染	①更换喷嘴； ②清洁镜片或更换镜片

6

激光焊接设备

6.1 激光焊接基本知识

    焊接是通过加热、加压或两者并用,使分离的两部分金属形成原子结合的一种永久性连接方法。焊接在现代工业生产中具有十分重要的作用,广泛应用于机械制造中的毛坯生产、各种金属结构件的制造、修复焊补等,焊接分类如图 6-1 所示。

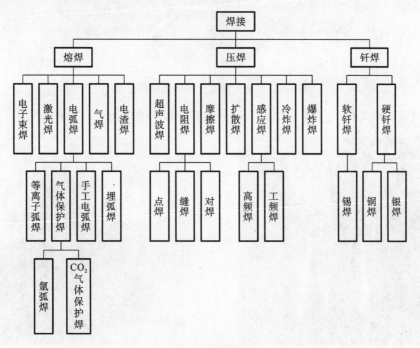

图 6-1　焊接分类

激光焊接与电阻焊、氩弧焊、等离子弧焊、电子束焊的对比如下。

（1）电阻焊：用来焊接薄金属件，在两个电极间夹紧被焊工件，通过大的电流熔化电极接触的表面，即通过工件电阻发热来实施焊接。工件易变形，而激光焊只从单边进行。

（2）氩弧焊：使用非消耗电极与保护气体，常用来焊接薄工件，但焊接速度较慢，且热输入比激光焊大很多，易产生变形。

（3）等离子弧焊：与氩弧焊类似，但其会产生压缩电弧，以提高弧温和能量密度，它比氩弧焊速度快、熔深大，但逊于激光焊。

（4）电子束焊：高能密度电子流撞击工件，在工件表面很小的面积内产生巨大的热能，形成小孔效应，从而实施深熔焊接。电子束焊的主要缺点是需要真空环境以防止电子散射，设备复杂，焊件尺寸和形状受到真空室的限制。

激光焊接在汽车制造中的应用如图 6-2 所示。

图 6-2　激光焊接在汽车制造中的应用

不锈钢激光焊接产品如图 6-3 所示，碳钢激光焊接产品如图 6-4 所示。

图 6-3　不锈钢激光焊接产品　　　　**图 6-4　碳钢激光焊接产品**

6.1.1 基本概念

激光焊接设备是利用高能量密度的激光光束作为热源的一种高效精密焊接设备。其工作原理为：激光辐射待加工表面，表面热量通过热传导向内部扩散，通过控制激光脉冲的宽度、能量、峰值功率和重复频率等激光参数，使工件熔化，形成焊缝。

激光焊接特点如下。

(1) 加热范围小，焊缝和热影响区窄，接头性能优良。

(2) 残余应力和焊接变形小，可以实现高精度焊接。

(3) 可对高熔点、高热导率、热敏感材料及非金属进行焊接。

(4) 焊接速度快，生产效率高。

(5) 具有高度柔性，易于实现自动化。

6.1.2 激光焊接原理

激光焊接技术作为高精度、高效率焊接的主要方法之一，其应用日益广泛。

激光焊接是利用激光光束优异的方向性和高功率密度等特性进行工作的，通过光学系统将激光光束聚焦在很小的区域内，在极短的时间内使被焊接处形成一个能量高度集中的热源区，从而使被焊物熔化并形成牢固的焊点和焊缝。激光焊接常用的激光器是气体 CO_2 激光器、固体 YAG 激光器和光纤激光器，根据激光器输出功率的大小和工作状态选择激光器，激光器的工作方式有连续输出方式和脉冲输出方式。被聚焦的激光光束照射到焊件表面的功率密度一般为 $1\times10^4\sim1\times10^7$ W/cm²。激光焊接的机制也因功率密度的大小不同，分为激光热传导焊接和激光深熔焊接。

1. 激光热传导焊接

激光热传导焊接需控制激光功率和功率密度，使金属吸收光能后不产生非线性效应和小孔效应。激光直接穿透的深度只在微米量级，金属内部升温靠热传导方式进行。激光功率密度一般为 $1\times10^4\sim1\times10^5$ W/cm²，使被焊接金属表面既能熔化，又不会汽化，从而使焊件熔接在一起。激光热传导焊接如图 6-5 所示。

激光热传导焊接的特点如下。

(1) 激光光斑的功率密度小，很大一部分被金属表面反射。

(2) 光的吸收率较低。

(3) 焊接熔深浅，焊接速度慢。

(4) 主要用于薄(厚度小于 1 mm)、小工件的焊接加工。

2. 激光深熔焊接

激光光束作用于金属表面，当金属表面的激光光束功率密度达到 1×10^7 W/cm²以上，这个数量级的入射功率密度可以在极短的时间内使加热区的金属汽化，从而在液态熔池中形成一个小孔，称之为匙孔。激光光束可以直接进入匙孔内部，通过匙孔的传热，获得较大的焊接熔深。匙孔现象发生在材料熔化和汽化的临界点,气态金属产生的蒸气压力很高,足以克服液态金属的表面张力并把熔融的金属吹向四周,形成匙孔。由于激光在匙孔内的多重反射,匙孔几乎可以吸收全部的激光能量,再经内壁以热传导的方式通过熔融金属传到周围固态金属中去。当工件相对于激光光束移动时,液态金属在小孔后方流动,逐渐凝固,形成焊缝。这种焊接机制称为激光深熔焊接,如图 6-6 所示。

与激光热传导焊接相比,激光深熔焊接需要更高的激光功率密度,一般需要使用连续输出的 CO_2 激光器,激光功率在 $2000\sim3000$ W。激光深熔焊接时激光能量是通过小孔吸引而传递给被焊工件,小孔作为一个黑体,使激光光束的能量传到焊缝深部,随着小孔温度的升高,孔内金属汽化,金属蒸气的压力使熔化的金属液体沿小孔壁移动,形成焊缝的过程与激光热传导焊接的明显不同,在激光热传导焊接时激光能量只被金属表面吸收,然后通过热传导向材料内部扩散。

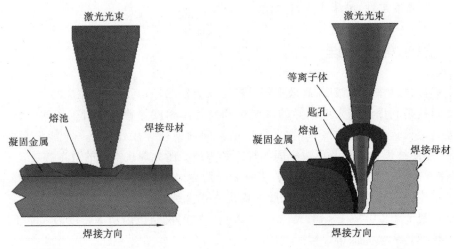

图 6-5 激光热传导焊接   图 6-6 激光深熔焊接

激光深熔焊接具有下述特征。

(1)高的深宽比。因为熔融金属围着圆柱形高温蒸气腔体形成并延伸向工件,焊缝就变得深而窄。

(2)最小热传输。由于聚焦激光光束比常规方法具有更高的功率密度,导致焊接速度快,热影响区和变形都比较小。

(3)高致密性。因为充满高温蒸气的小孔有利于焊接熔池的搅拌和气体逸出,导致生成无气孔熔透焊缝。焊后高的冷却速度又易使焊缝组织细微化。

(4)强固焊缝。灼热热源对非金属成分的充分吸收,降低了杂质含量、改变了夹杂尺寸和其在熔池中的分布。焊接过程中无须电极或填充焊丝,熔化区受污染少,使焊缝的强度、韧度相当于甚至超过母体金属。

(5)非接触的焊接过程。因为能量来自光子束,与工件无物理接触,因此没有外力施加于工件。

(6)磁和空气对激光都无影响。

6.2 激光焊接设备的基本结构

激光焊接设备由激光器、升降机构、CCD监视系统、导光聚焦系统、焊接夹具、工作台、冷却系统、焊接头等组成。图6-7所示的是小功率激光焊接设备,具体的激光焊接设备结构框图如图6-8所示。

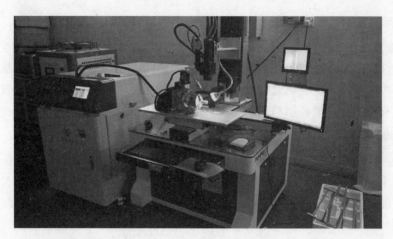

图6-7 小功率激光焊接设备

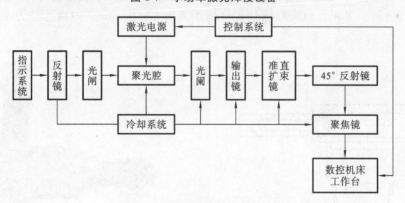

图6-8 激光焊接设备结构框图

1. 激光焊接激光器

常用激光焊接激光器及应用如表6-1所示。

表6-1 常用激光焊接激光器及应用

激光器	波长/μm	光束模式	输出功率/kW	主要应用
YAG激光器	1.06	多模	0~4	航空、机械、电子、通信、动力、化工、汽车制造等行业的零部件和电池、继电器、传感器、精密元器件等工件的焊接

激光器	波长/μm	光束模式	输出功率/kW	主要应用
CO_2 激光器	10.6	多模	0~10	金刚石锯片、双金属带锯条、水泵叶片、齿轮、钢板、暖气片的焊接
半导体激光器	0.8~0.9	多模	0~10	塑料焊接、PCB板点焊,锡焊
光纤激光器	1.06	TEM_{00}	0~20	汽车车身焊接

2. 激光焊接头

激光焊接头是激光焊接设备的关键组成部分,利用它来实现对焦距、工作距离的调整,从而获得合适的光斑尺寸。在激光焊接头中,集成了不同功能的组成单元,包括激光聚焦和导入单元、保护气导入和分配单元、冷却系统、透镜防护系统等,在具有反馈控制的激光焊接过程中,还具有监测和反馈控制单元。

3. 激光焊接喷嘴

激光焊接喷嘴的结构比较复杂,对保证焊接质量有重要作用,其结构示意图及实物图分别如图 6-9 和图 6-10 所示。国内外已经开发了不少各具特色的激光喷嘴。从气体保护的角度来说,应保证气体平稳导入和均匀分布与流动,保证气体均匀覆盖激光焊接区域,形成良好的保护效果。一般来说,保护区喷嘴与激光光束同轴布置的一体化设计是主流,虽然结构复杂、成本高,但是保护效果好、稳定可靠。前、后、侧向导入保护气的方式比较简单,但是保护效果较差,已较少采用。通常喷嘴到工件的距离为 3~10 mm。喷嘴孔径为 4~8 mm,气体流速为 8~30 L/min。

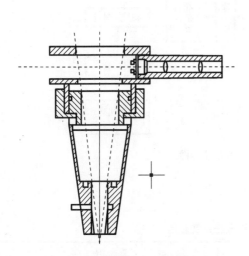

图 6-9 激光焊接喷嘴结构示意图

图 6-10 激光焊接喷嘴实物图

CO_2 激光焊接采用氧气保护时,对喷嘴设计的要求较高,以保证良好的气流几何形状。氮气对喷嘴结构和气流几何形状的要求不高,但是如果采用的激光功率密度较大,应适当采取措施抑制等离子体的产生。

4. 计算机控制系统

计算机控制系统是机械手、激光器的控制与指挥的中心,同时也是工作站运行的载体,通过对工位、机械手和激光器的协调控制完成对工件的焊接处理。

5. 指示系统

指示系统的光波长为 630 nm,为可见红光。指示系统安装于激光器内部,主要作用有以下两点。

(1) 指示激光加工位置。

(2) 为光路聚焦系统调整提供指示基准。

6. 聚焦系统

聚焦系统的作用是将平行的激光光束聚焦于一点。聚焦系统主要由聚焦镜和 Z 轴聚焦装置组成。激光焊接通常需要一定的离焦量,因为激光焦点处光斑中心的功率密度过高,容易蒸发成孔。离开激光焦点的各平面上,功率密度分布相对均匀。离焦方式有两种:正离焦和负离焦。焦平面位于工件上方为正离焦,反之为负离焦。在实际运用中,要求熔深较大时采用负离焦,焊接薄材料时采用正离焦。

7. 冷却系统

电能转换成激光,其光电转换效率只有 3% 左右,大量的电能都转换成了热能。这部分热能对激光器有巨大的破坏力,使 YAG 激光晶体及氙灯破裂,聚光腔变形、失效,所以必须有冷却系统提供冷却保障。

冷却介质一般为去离子水或蒸馏水,以保证内循环系统不受污染。水冷系统中安装有靶式流量计,以保证当流量达到设计值时,主电路方可动作,确保氙灯发光时处于冷却状态,避免事故的发生。靶式流量计设备出厂时已调整为合适值,以保证一定的流量,用户不宜再调。

6.2.1　固体激光焊接设备

固体激光焊接设备的开发研究在世界上很活跃,在日本,作为"光子工程"国家项目,已研究开发出了 10 kW 小型(Rod 型和 Slab 型)设备;在美国,作为"精密激光加工"国家项目,研究开发出了 3 kW LD 泵浦 Slab 型固体激光设备,可获得 20~30 mm 的大熔深焊缝。由于焊缝宽度极小,可使激光光束做横向运动,扩大熔化宽度。现在德国开发的 LD 泵浦薄圆盘固体激光焊接设备最受注目,它具有体积小、质量好、效率高和功率大等特点。Hass 公司已开发出 LD 泵浦 4 kW 的圆盘激光设备,并将开发 10 kW 级的设备。

灯泵浦固体激光焊接设备如图 6-11 所示,固体激光焊接传输系统示意图如图 6-12 所示。

6.2.2　半导体激光焊接设备

许多公司正在研制大功率的半导体激光焊接设备,现已出现 2~6 kW 级的商用小型设

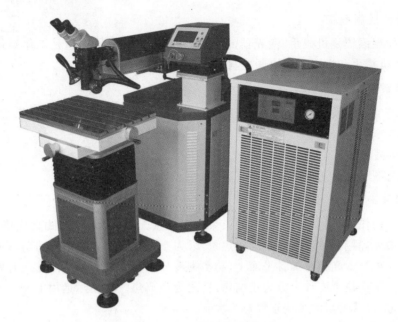

图 6-11   灯泵浦固体激光焊接设备

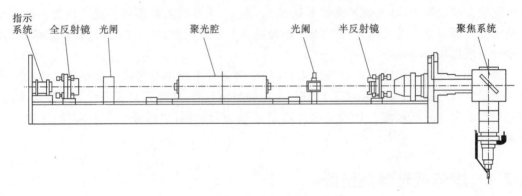

图 6-12   固体激光焊接传输系统示意图

备。由于体积小、质量轻,半导体激光器可直接搭载于机器人上进行焊接,也可用光纤传输半导体激光进行焊接。尽管半导体激光器效率高、波长短,但由于存在激光发散角度大、工作距离(焦深)短的缺点,其仅适用于塑料等材料的焊接。

在热塑性塑料的焊接过程中,两个待焊塑料件用夹紧夹具夹在一起,其中的一个塑料件能使激光穿透,而另一个塑料件能吸收激光的能量。激光光束通过上层的透光材料到达焊接平面,然后被下层材料吸收。激光能量被吸收使得下层材料温度升高,熔化上层和下层的塑料,最后凝固成牢固的焊缝。塑料激光焊接是一种非接触式的焊接方法,激光的能量只作用于非常小的焊接区域,极大地减小了工件的热应力及振动对工件的破坏。塑料激光焊接样品如图 6-13 所示。塑料激光焊接的方法主要有轮廓焊接、掩模焊接、Globo 焊接及同步焊接等,如表 6-2 所示。

图 6-13　塑料激光焊接样品

表 6-2　塑料激光焊接的方法

焊接方法	焊接原理	焊接特点
轮廓焊接	轮廓焊接就是使激光沿着工件的焊接线移动,将需要焊接的塑料层熔化并黏接在一起	有些时候,也可以通过固定激光的位置,移动或旋转工件来达到焊接目的
掩模焊接	掩模焊接需要制作一个可以反射或者吸收激光的模板,模板用来定位焊接区域,激光透过模板熔化焊接区域达到焊接效果	掩模焊接的优点在于它的灵活性,模板可以根据焊接区域的形状进行更改,同时,这种焊接方法也适用于高精密焊接,其精密度可以达到微米级
Globo 焊接	Globo 焊接是沿着产品的轮廓线进行焊接的。激光光束经由气垫式,可无摩擦任意滚动的玻璃球点状式的聚焦于焊接端面,该玻璃球不仅进行聚焦,而且也充当机械夹紧夹具,当该球在表面上滚动时,为接合面提供了持续压力	在激光加热材料的同时有压力夹紧,玻璃球取代了机械夹具,同时扩大了激光焊接在连续三维焊接中的应用范围
同步焊接	根据焊接区域形状定制相应的激光焊接头,要求焊接区域形状一般都是对称的,比如圆形。同步焊接的激光光束来源于多个二极管激光光束,它们同时作用于焊接区域的轮廓线上熔化焊接区域达到焊接效果	同步焊接的缺陷在于它的镜头必须要根据工件的焊接区域形状进行定制

6.2.3　光纤激光焊接设备

光纤激光焊接设备主要由激光器(由泵浦源、耦合器、掺稀土元素光纤、谐振腔等部件组成)连续工作,产生高质量激光光束,用于薄壁材料的快速焊接。整机配备 CCD 可视系统,随时监测焊接系统、焊接过程。光纤激光焊接设备如图 6-14 所示。

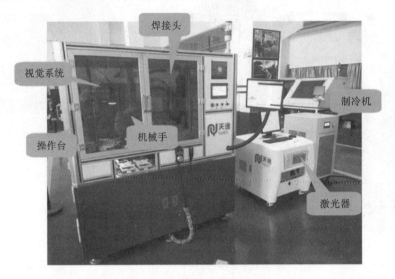

图 6-14　光纤激光焊接设备

1. 光纤传输激光焊接设备

光纤传输激光焊接设备是将高能激光光束耦合进入光纤,远距离传输后,通过准直镜准直为平行光,再聚焦于工件上实施焊接的一种激光焊接设备。对焊接难以接近的部位,施行柔性传输非接触焊接,具有更大的灵活性。光纤传输激光焊接机激光光束可实现时间和能量上的分光,能进行多光束同时加工,为更精密的焊接提供了条件。1 kW 的光纤激光焊接设备采用一体化设计,结构紧凑、美观,具有光束模式好、能量稳定、性能稳定、使用可靠、焊接速度快、适焊范围广、消耗品和易耗件使用寿命长等特点。

2. 激光器

TY-AM-1000 型智能光纤激光焊接设备采用的是 1 kW 的 IPG 光纤激光器,是整个产品的核心。IPG 光纤激光器如图 6-15 所示。

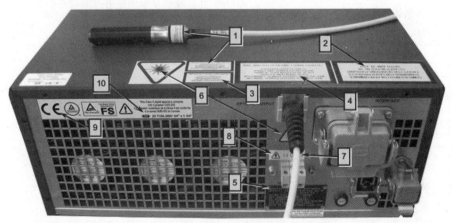

图 6-15　IPG 光纤激光器

　　焊接视觉系统对加工工件进行视觉定位,采用工业 CCD 和摄像镜头,达到精准焊接,如图 6-16 所示。

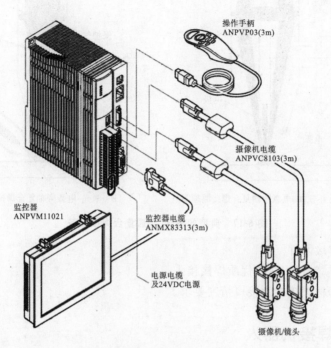

操作手柄
ANPVP03(3m)

摄像机电缆
ANPVC8103(3m)

监控器
ANPVM11021

监控器电缆
ANMX83313(3m)

电源电缆
及24VDC电源

摄像机/镜头

图 6-16　焊接视觉系统

6.2.4　激光-电弧复合焊接设备

　　激光-电弧复合焊接主要指激光与 TIG 电弧或 MIG 电弧复合焊接。在这种工艺中,激光和电弧相互作用、取长补短。激光焊接的能量利用率低的重要原因是焊接过程中产生的等离子体云对激光的吸收和散射,且等离子体云对激光的吸收与正负离子密度的乘积成正比。如果在激光光束附近外加电弧,电子密度显著降低,等离子体云得到稀释,对激光的消耗减小,工件对激光的吸收率提高。而且由于工件对激光的吸收率随温度的升高而增大,电弧对焊接母材的接口进行预热,使接口开始被激光照射时的温度升高,也使激光的吸收率进一步增大。这种效果对激光反射率高、导热系数高的材料更加显著。在激光焊接时,由于热作用和影响区很小,焊接端面接口容易发生错位和焊接不连续现象,峰值温度高,温度梯度大,焊接后冷却、凝固很快,容易产生裂纹和气孔。而在激光与电弧复合焊接时,由于电弧的热作用范围、热影响区较大,可缓和对接口精度的要求,减少错位和焊接不连续现象,而且温度梯度较小,冷却、凝固过程较缓慢,有利于气体的排除,降低内应力,减少或消除气孔和裂纹。因为电弧焊接容易使用添加剂,可以填充间隙,所以采用激光-电弧复合焊接的方法能减少或消除焊缝的凹陷。

　　典型的激光-电弧复合焊接设备如图 6-17 所示。

　　激光与 TIG 电弧复合焊接的特点如下。

　　(1) 利用电弧增强激光的作用,可用小功率激光器代替大功率激光器焊接金属材料。

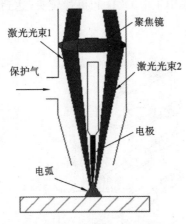
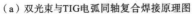
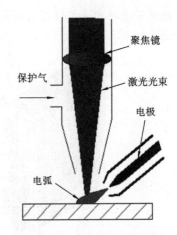

（a）双光束与TIG电弧同轴复合焊接原理图　　（b）激光-电弧旁轴复合焊接原理图

图 6-17　典型的激光-电弧复合焊接设备

（2）可高速焊接薄件。

（3）可改善焊缝成形，获得优质焊接接头。

（4）可缓和母材焊接端面接口精度要求。

6.2.5　激光焊接机器人

激光焊接机器人具有三个或三个以上可自由编程的轴，并能将焊接工具按要求送到预定的空间位置，按要求轨迹及速度移动焊接工具。激光焊接机器人包括弧焊机器人、光纤激光焊接机器人、点焊机器人等。典型的激光焊接机器人的组成如图 6-18 所示。

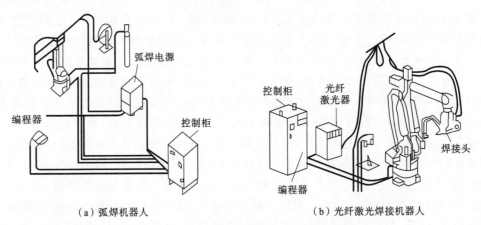

（a）弧焊机器人　　　　　　　　　　（b）光纤激光焊接机器人

图 6-18　典型的激光焊接机器人的组成

激光焊接机器人设备如图 6-19 所示，具有如下特点。

（1）提高焊接质量。

（2）提高劳动生产率。

（3）改善工人劳动强度，可在有害环境下工作。

（4）降低了对工人操作技术的要求。

（5）缩短了产品改型换代的准备周期，减少了相应的设备投资。

图 6-19 激光焊接机器人设备

激光焊接机器人在高质量、高效率的焊接生产中，发挥了极其重要的作用。工业机器人技术的研究、发展与应用有力地推动了世界工业技术的进步。近年来，激光焊接机器人技术的研究与应用在焊缝跟踪、信息传感、离线编程、路径规划、智能控制、电源技术、仿真技术、焊接工艺方法、遥控焊接技术等方面取得了许多突出的成果。随着计算机技术、网络技术、智能控制技术、人工智能理论以及工业生产系统的不断发展，激光焊接机器人技术领域还有很多亟待研究的问题。激光焊接机器人的视觉控制技术、模糊控制技术、智能化控制技术、嵌入式控制技术、虚拟现实技术、网络控制技术等将是未来研究的主要方向。

6.3 激光焊接工艺

激光焊接的主要工艺参数有激光功率密度、焦点位置、焊接速度、保护气体、电源参数等。激光焊接样品如图 6-20 所示。

1. 激光功率密度

激光功率密度是激光焊接中最重要的参数之一。激光功率密度过高会造成材料的汽化，热传导激光焊接功率密度的范围为 $1\times10^4\sim1\times10^5$ W/cm^2。

激光光束照射到材料表面时，一部分从材料表面反射，一部分透入材料内被材料吸收，透入材料内部的激光光束对材料起加热作用。不同材料对不同波长的光波的吸收与反射，有着很大的差别。一般而言，导电率高的金属材料对光波的反射率高，表面光亮度高的材料对光波的反射率高。

2. 焦点位置（离焦量）

激光焊接通常需要一定的离焦量，因为激光焦点处光斑中心的功率密度过高，容易蒸发成孔。离焦方式有两种：正离焦和负离焦，焦点在待加工表面以上时为正离焦，焦点在待加工表面以下时为负离焦。离开激光焦点的各平面上，功率密度分布相对均匀。通过调整离

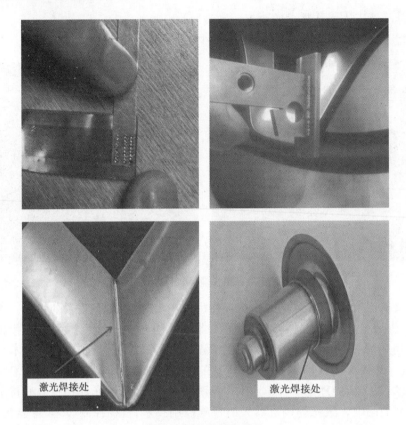

激光焊接处

激光焊接处

图 6-20 激光焊接样品

焦量,可以选择激光光束的某一截面使其能量密度适合于焊接,所以调整离焦量是调整能量密度的方法之一。负离焦可以提高熔深,对熔深要求不高时用正离焦。当然,离焦量越大,焊缝也越宽。

经过聚焦的激光光束使工件焊接面位于焦深范围内,此时激光功率密度最高,激光焊接效果最好。通常通过调节聚焦筒来观察激光与金属作用时产生的火花,由此来识别零件表面是否在焦深范围内。有时为了达到特殊焊接效果,可通过正离焦和负离焦来实现浅焊和深焊。

3. 焊接速度

其他参数都相同的条件下,增加激光功率可提高焊接速度、增大焊接熔深。

随着焊接速度的增加,熔池流动方式和尺寸将会改变。低速焊接时,熔池大而宽,且易产生下塌,此时,熔化金属的量较大,金属熔池的重力太大,表面张力难以维持住处于焊缝中的熔池,而从焊缝中间低落或下沉,在表面形成凹坑。高速焊接时,匙孔尾部原来朝向焊缝中心强烈流动的液态金属由于来不及重新分布,便在焊缝两侧凝固,形成咬边缺陷。在大功率下形成较大熔池时,高速焊接同样容易在焊缝两侧留下轻微的咬边,但是在熔池波纹线的中心会产生一定的压力。

当激光脉冲频率较低而焊接速度较高时,形成点焊,即相邻焊接斑点间首尾不能相接。由于焊接斑点直径是一定的,所以只有当激光脉冲频率与焊接速度相匹配时,才能形成满

焊。近似公式为

焊接速度＝激光脉冲频率×激光焊接光斑直径×（1－光斑重叠率）

式中，光斑重叠率为相邻两光斑在直径方向的重叠率。

4. 保护气体

激光焊接可以在空气环境中进行，不使用保护气体，不需要真空，很多情况下可以获得很好的焊接效果。但对一些焊接工艺要求严格的产品（如要求焊缝美观、无氧化痕迹的产品）或易于氧化、难于焊接的铝合金材料，在焊接过程中就必须施加保护气体。

在焊接过程中施加保护气体的一种方法是使用密闭的氩气室或真空箱，激光透过玻璃照射到工件上。这种方法较烦琐。

利用喷嘴结构吹出具有一定压力、流量、流速的保护气体作用到焊缝区域，使熔化的金属不与空气中的氧气接触，保证得到高质量的焊缝。保护气体除防止氧化外，还有一个作用就是吹掉焊接过程中产生的等离子体火焰，等离子体火焰对激光有吸收、散射作用，会影响焊接效果。保护气体常用氦气、氩气、氮气。氦气成本最高，但其防氧化效果好，且电离度小，不易形成等离子体。氩气的防氧化效果也好，但其易电离，一般铝、钛等活泼金属用氩气做保护气。在焊接密封性要求高、漏气率很低的工件时，最好使用氦气。将氩气和氦气按一定比例混合使用效果更好。氮气成本最低，一般用于不锈钢的焊接。

5. 电源参数

激光焊接电源参数设置如表 6-3 所示。

表 6-3 激光焊接电源参数设置

电源参数	概念	原理
脉冲宽度	脉冲宽度是激光焊接中重要的参数之一，它是区别于材料去除和材料熔化的重要参数，通常根据熔深和热影响区要求确定脉冲宽度	焊接同一种金属时，在其他条件相同时，穿入深度与脉宽有关。脉宽越大，则穿入深度越大，焊接的热影响区也越大
脉冲波形	对于波长为 1.064 μm 的激光光束，大多数材料初始反射较高，能将激光光束的大部分能量反射回去，因此，常采用带有前置尖峰的激光输出波形，利用开始出现的尖峰迅速改变表面状态	在实际焊接中，针对不同焊接特性的材料可灵活地调整脉冲波形。对金、银、铜、铝等反射强、传热快的材料，宜采用带有前置尖峰的脉冲波形。对钢材及其他类似金属，如铁、镍、钼、钛等黑色金属，其表面反射率较有色金属低，宜采用较为平坦的脉冲波形或平顶波。对易脆材料可以采用能量缓慢降低的脉冲波形，减慢冷却速度
脉冲频率	在热传导焊接中，激光器发出重复频率的激光脉冲，每个激光脉冲形成一个斑点，焊件与激光光束的相对移动速度决定了斑点的重叠率，一系列斑点形成鱼鳞纹似的漂亮焊缝	一般根据生产率（即焊接速度的要求）选择激光脉冲频率。在激光密封焊接中，要求脉冲频率在 70% 以上
能量上升与下降	在焊接过程中，尤其是在焊接快结束时，调整能量下降时间和下降速度是一种非常好的控制方法，可以使匙孔坍塌引起的局部咬边降到最低程度	典型的能量上升可以在 0～0.2 s 内把激光功率从较低值升高到所需功率，在工件或激光光束移动过程中，打开光阑可使能量上升在零过渡时间内完成，输出的激光功率就是焊接功率

6.4　激光焊接缺陷评价与分析

激光焊接缺陷是指焊接过程中在激光焊接接头处产生的不符合设计或工艺要求的缺陷。缺陷的存在使金属的显微组织、物理性能、化学性能以及力学性能显示出不连续性。无论何种焊接方法，焊接后总是有焊接残余应力存在，只是不同方法的残余应力大小不同而已，焊接的零件由于热影响区的急冷，在碳含量较高的条件下，容易产生淬火马氏体、裂纹。对焊接过程的控制不到位，容易产生气孔、夹渣、未熔合、未焊透等缺陷。一般情况下，很多激光焊接设备造成的缺陷是可以避免的。

激光焊接的常见缺陷有裂纹、孔穴、咬边、焊缝表面凹凸不平、焊深不足或焊缝深浅不一致等。其中，前两种是焊缝的主要内部缺陷，后几种多是与焊缝成形性有关的缺陷。裂纹、孔穴对焊缝性能影响极大。

焊接缺陷的分类：根据 GB/T 6417.1—2005《金属熔化焊接头缺欠分类及说明》的规定，将金属熔化焊焊缝缺陷分为裂纹、孔穴、固体夹杂、未熔合、未焊透、形状缺陷等，其特征、产生原因、可能危害及避免方法如表 6-4 所示。

表 6-4　金属熔化焊焊缝缺陷

焊接缺陷名称	特征	产生原因	可能危害及避免方法
裂纹	焊接裂纹指在焊接应力及其他致脆因素共同作用下，焊接接头中局部金属原子结合力遭到破坏而形成的新界面所产生的缝隙	焊接裂纹按产生的本质来分，可分为热裂纹、再热裂纹、冷裂纹、应力腐蚀裂纹和层状撕裂，其中热裂纹和冷裂纹最为常见	裂纹具有缺口尖锐和长宽比大的特征。裂纹是焊接结构中危险性较大的缺陷之一，因为裂纹在承载时可能会不断地延伸和扩大，轻者会使产品报废，重者会引起严重的灾害事故。因此应合理选择焊接工艺参数
孔穴	焊接过程中，熔池中的气体在金属冷却前未能及时逸出而残留在焊缝金属的内部或表面所形成的空穴	焊条或焊剂受潮，或未按要求烘干；焊芯/焊丝生锈或表面有油污，焊接坡口有杂质；焊接工艺参数不当	焊接工艺参数要适宜，短弧操作
固体夹杂	焊接熔渣残留于焊缝中的现象	坡口角度或焊接电流过小；熔渣黏度大或操作不当；引弧或焊接时焊条药皮成块脱落而未被充分熔化；多层焊接时层间清渣不彻底；气焊时火焰性质不适当或送丝不均匀	焊接前清除坡口面及边缘锈蚀、氧化皮等杂物，层间彻底清渣；操作要熟练，焊条和焊丝送进要均匀；始终保持熔池内熔渣与金属良好的分离；适当增加焊接电流，稳定焊接速度，保证熔池存在时间，防止冷却过快

续表

焊接缺陷名称	特征	产生原因	可能危害避免方法
未熔合	熔焊时,接头根部未完全熔化结合的现象	坡口角度小、间隙小或钝边过大;双面焊时,背面清根不彻底;单面焊时,电弧燃烧短或坡口根部未能形成一定尺寸的熔孔	坡口尺寸应适当;选择合理的焊接电流、焊接速度;操作应熟练;单面焊时,间隙$\geqslant d$,钝边$< d/2$,操作时控制电弧燃烧时间,形成大小均匀的熔池;双面焊时,清根、防止偏吹、保持焊接温度梯度
未焊透	熔焊时,接头根部未完全熔透的现象	线能量过小、电弧偏吹、气焊火焰对金属两侧加热不均匀、坡口面或焊缝表面有油、锈等杂质,单面焊时打底电弧引燃时间短	焊枪的倾斜角度要适当,选用稍大的电流或火焰能率,单面焊时,控制打底速度,调整焊条角度,防止偏吹,认真清理坡口面和焊道表面
形状缺陷	焊缝的表面形状与原设计几何形状有偏差	咬边、凹坑、弧坑、电弧擦伤等	合理选择焊接工艺参数

7

激光热处理设备

7.1　激光热处理

7.1.1　激光热处理基本知识

激光热处理是一种表面改造技术,主要指激光淬火(相变硬化)、激光熔覆、激光合金化、激光非晶化、激光熔凝处理和激光冲击强化。激光熔覆属于激光再制造技术,它能够修复大量报废的大型工件,如轧辊、叶片等贵重零部件,而且激光加工过程无污染、无三废,属于绿色环保加工技术。该技术不仅可以增加经济效益,而且环保,是大力提倡和发展的高新技术。

激光热处理技术有着广泛的应用,美国通用汽车公司用 CO_2 激光器对铸铁液力换向器壳体进行激光表面淬火,淬火后的壳体耐磨度大幅提高,而且费用比高频淬火或氮化低 4/5 左右。国内激光厂家对多种型号的汽车发动机缸体进行激光热处理,效果非常好。近年来,激光热处理技术的工业应用和深入研究十分活跃,各种激光表面处理技术日趋成熟。

7.1.2　激光热处理技术的特点

激光热处理是利用高功率密度的激光光束对金属进行表面处理的方法,它可以对材料实现表面淬火、表面合金化等表面改性处理,得到用其他表面淬火达不到的表面成分、组织、性能的改变。

激光热处理的特点如下。

(1)激光光束流能量密度高,可以在瞬间熔化或汽化任何材料,实现对难熔材料和高导热性材料的加工。

(2)激光光束热源作用在材料表面上的功率密度高、作用时间短,加热速度快,冷却速度也快,处理效率高。理论上,激光热处理的加热速度可以达到 $1 \times 10^{12} ℃/s$。用不同的功率密度、不同的加热时间和光斑直径相互作用后,加热效果是各不相同的,通过调整加热参数,可以在金属表面获得不同的加热效果,从而形成不同的处理工艺。

（3）当激光光束加热金属时,加热速度高达 $5 \times 10^3 ℃/s$,在如此高的加热速度下,金属共析转变温度 A_{c_1} 点上升到 $100 ℃$,因此激光淬火处理时允许金属表面温度在熔化温度和相变 A_{c_1} 点之间变化,尽管过热度较大,但不会发生过热或过烧现象。激光光束作用在金属表面,其过热度和过冷度均大于常规热处理,因此表面硬度比常规处理的高 $5 \sim 10$ HRC。

（4）激光表面处理对金属进行的是非接触式加热,没有机械应力作用。由于加热速度和冷却速度都很快,因此热影响区极小,热应力很小,工件变形也小,可以应用在尺寸很小的工件,以及用普通加热方法难以实现热处理的特殊部位。

（5）激光光束易于传输和导向,因此可以对复杂零件表面进行处理,如深孔、沟槽表面及盲孔底部等。

（6）由于激光加热速度快,奥氏体长大,以及碳原子和合金原子的扩散受到抑制,可获得细化和超细化的金属表面。

（7）由于激光的光斑面积小,金属被处理的表面骤冷,其冷却速度高达 $1 \times 10^4 ℃/s$,因此不需要任何冷却介质,仅靠工件自身冷却淬火即可保证马氏体的转变,而且急冷可抑制碳化物的析出,从而减少脆性相的影响,并能获得隐晶马氏体组织。

（8）进行激光表面处理时,金属表面将会产生 200 MPa $\sim$ 800 MPa 的残余应力,从而大大提高了金属表面的强度。

（9）激光光束加热的可控性能好,导向和能量传递最为方便快捷,与光传输数控系统结合,用计算机精确控制,实现自动化处理,可以实现自动化程度的三维柔性加工。

（10）节省能源,不产生环境污染。

各种激光热处理技术的工艺参数如表 7-1 所示。

表 7-1 各种激光热处理技术的工艺参数

工艺方法	功率密度/（W/cm²）	冷却速度/（℃/s）	作用区深度/mm
激光淬火	$1 \times 10^4 \sim 1 \times 10^5$	$1 \times 10^4 \sim 1 \times 10^5$	$0.2 \sim 0.3$
激光熔覆	$1 \times 10^4 \sim 1 \times 10^6$	$1 \times 10^4 \sim 1 \times 10^6$	$0.2 \sim 1.0$
激光合金化	$1 \times 10^4 \sim 1 \times 10^6$	$1 \times 10^4 \sim 1 \times 10^6$	$0.2 \sim 2.0$
激光非晶化	$1 \times 10^6 \sim 1 \times 10^{10}$	$1 \times 10^6 \sim 1 \times 10^{10}$	$0.01 \sim 0.1$
激光熔凝处理	$1 \times 10^4 \sim 1 \times 10^6$	$1 \times 10^4 \sim 1 \times 10^6$	$0.1 \sim 1.0$
激光冲击强化	$1 \times 10^9 \sim 1 \times 10^{12}$	$1 \times 10^4 \sim 1 \times 10^6$	$0.02 \sim 0.2$

下面主要介绍一下激光淬火、激光熔覆和激光合金化。

7.2 激光淬火

7.2.1 概述

激光淬火是激光热处理中研究得最早、最多,进展最快,并且得到广泛应用的一种工艺。

国外一些工业部门已将该技术作为保证产品质量的主要手段。例如，美国通用汽车公司最早在1978年就建立了汽车缸体激光淬火生产线，缸体必须经过激光淬火后方可出厂使用。

激光淬火是用高功率密度（$1 \times 10^4 \sim 1 \times 10^5$ W/cm²）的激光光束快速扫描工件，在其表面极薄一层的区域内，温度以极快速度（$1 \times 10^5 \sim 1 \times 10^6$ ℃/s）上升到奥氏体温度（高于相变点而低于熔化温度），而工件基体温度基本保持不变。当激光光束移开时，由于热传导的作用，处于冷态的基体使其迅速冷却得到马氏体组织，实现自冷淬火（冷却速度可达 1×10^5 ℃/s），进而实现工件表面的相变硬化。30吨辊子的激光淬火如图7-1所示。

图 7-1　30 吨辊子的激光淬火

激光淬火原理与感应加热淬火、火焰加热淬火技术类似，只是其所使用的能量的密度更高，加热速度更快，工件变形小，加热层深，加热轨迹易于控制，易于实现自动化，因此，在很多工业领域中，激光淬火正逐步取代感应加热淬火和化学热处理等传统工艺。激光淬火可以使工件表层 0.1～1.0 mm 范围内的组织结构和性能发生明显变化。激光淬火在提高工件表面耐磨、耐蚀，以及耐高温性能的同时，又可使其芯部仍保持较好的韧性，具有显著的经济效益。与传统淬火工艺相比，激光淬火历史虽然很短，但从已取得的效果来看，激光淬火是一种具有很多优点的表面硬化处理新工艺。例如，该技术能够获得极细的硬化层组织，而且淬硬层深度可以控制，具有强化效果好、工艺周期短、生产效率高、成本低、工件变形小、对环境无污染等诸多优点。

7.2.2　激光淬火理论基础

激光淬火时，激光与材料的相互作用可根据激光辐照的强度和持续时间分为以下几个阶段。

（1）把激光光束引向材料表面（导光）。

（2）材料直接或间接通过吸能涂层吸收激光光能。

（3）光能转变为热能使材料快速加热和快速冷却，且不引起其表面破坏。

（4）材料在激光辐照后的相变或熔化凝固或冲击，产生晶格畸变及位错，最终使材料达到硬化效果。

这些过程的进展取决于激光强度（功率密度）、持续时间（扫描速度），以及被加工材料的特性。

7.2.3 激光淬火特点

（1）无须使用外加材料，就可以显著改变被处理材料表面的组织结构，大大改善工件的性能。激光淬火中的急热、急冷过程使得淬火后，马氏体晶粒极细，位错密度相对于常规淬火更高，进而大大提高了材料性能。

（2）处理层和基体结合强度高。激光表面处理的改性层和基体材料之间是致密的冶金结合，而且处理层表面也是致密的冶金组织，具有较高的硬度和耐磨性。

（3）被处理工件变形极小，适合于高精度零件处理，可作为材料和零件的最后处理工序。这是由于激光功率密度高，与零件上某点的作用时间很短（0.01～1 s），所以零件的热变形区和整体变形都很小。

（4）加工柔性好，适用面广。激光光斑面积较小，不可能同时对大面积进行加工，但是可以利用灵活的导光系统将激光导向处理部位，可以方便地处理深孔、内孔、盲孔和凹槽等局部区域。改性层厚度与激光淬火中的工艺参数息息相关，因此，可以根据需要调整硬化层深浅，一般可达 0.1～1 mm。

（5）工艺简单优越。激光表面处理均在大气环境中进行，免除了镀膜工艺中漫长的抽真空时间，没有明显的机械作用力和工具损耗，噪声小、污染少。

7.2.4 激光淬火系统的组成

激光淬火系统包括激光器、光路系统、激光电源系统、冷却系统、工作台及控制系统等部分。激光器是整个系统的核心，对激光器的要求是稳定、可靠。固体激光器和气体激光器均可用于激光热处理，其中 CO_2 激光器和 YAG 激光器的应用最广泛。早期的激光加工包括激光热处理，其激光源都是 CO_2 激光器。CO_2 激光器的电光转换效率较高，比较容易实现大功率输出。

YAG 激光器作为固体激光器，与 CO_2 激光器相比，具有独特的优越性。在相同功率密度下，YAG 激光器比 CO_2 激光器的淬火深度要深一些，而且变形小。在热处理效果上，500 W 的 YAG 激光器可相当于 1.5 kW 的 CO_2 激光器。YAG 激光器输出的激光波长为 1064 nm，对玻璃透过率高，可利用光纤进行传输，灵活方便，也可用普通光学玻璃制作反射镜，光传输系统成本低。YAG 激光器在黑色金属表面的吸收率达 40%，因而无须涂黑吸光涂层。另外，由 YAG 激光器构成的加工系统结构紧凑、牢固耐用、容易操作、运行成本低。

轮齿面激光淬火如图 7-2 所示。

图 7-2　轮齿面激光淬火

7.3　激　光　熔　覆

激光熔覆又称激光包覆,是一种新型表面改性技术,是激光直接快速成形和激光绿色再制造的一种重要方法。它是在快速凝固过程中,通过送粉器向工作区域添加熔覆材料,利用高能量密度的激光光束将不同成分和性能的合金快速熔化,直接堆积,形成非常致密的金属零件,在已损坏零件表面形成与零件具有完全相同成分和性能的合金层,能够有效提高工件表面的耐蚀、耐磨、耐热等性能。激光熔覆无须借助刀具和模具,就能从 CAD 文件直接制造出各种复杂的致密金属零件,在已经损坏的零件表面直接进行修复和再制造,缩短开发周期,节约成本,降低能源消耗。激光熔覆技术是一种经济效益很高的新技术,它可以在廉价金属基材上制备出高性能的合金表面而不影响基体的性质,降低成本,节约贵重稀有金属材料。

激光熔覆与激光表面合金化在工艺上有许多相似之处,但却有本质区别。激光熔覆不是以基材上的熔融金属为溶剂加入合金元素的,而是用激光熔化配制的合金粉末,使其成为熔覆层的主体合金,同时基材也有一薄层被熔化。通过控制激光光束的输出能量,激光熔覆可将基材的稀释率限制在 $2\%\sim8\%$,保证了熔覆合金层的优异性能。激光熔覆工件如图 7-3 所示。

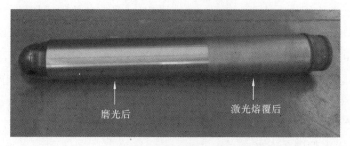

磨光后　　　　激光熔覆后

图 7-3　激光熔覆工件

7.3.1　激光熔覆的原理

激光熔覆是在被熔覆基体表面上以不同的添料方式放置涂层材料,经激光辐照,使之和基体表面一薄层同时熔化,并快速凝固后,形成稀释度极低、与基体呈冶金结合的表面涂层,使表面具有耐磨、耐蚀、耐热、抗氧化特性,从而达到表面改性或修复的目的。该技术既满足对材料表面特定性能的要求,又节约了大量的贵重元素。

激光熔覆技术是激光表面处理技术的一个分支,它是 20 世纪 70 年代随着大功率激光器的发展而兴起的一种新的表面改性技术。激光熔覆的激光功率密度分布区间为 $1 \times 10^4 \sim$ 1×10^6 W/cm²,介于激光淬火和激光合金化之间。激光熔覆是在激光光束作用下将合金粉末或陶瓷粉末与基体表面迅速加热并熔化,光束移开后冷却形成稀释率极低、与基体材料呈冶金结合的表面熔覆层。激光熔覆原理示意图如图 7-4 所示。在整个激光熔覆过程中,存在着激光、粉末、基体三者之间的作用,即激光与粉末、激光与基体,以及粉末与基体间的相互作用。

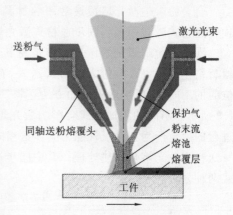

图 7-4　激光熔覆原理示意图

(1) 激光与粉末间的相互作用。当激光光束穿越粉末时,部分能量被粉末吸收,致使到达基体表面的能量衰减,而粉末由于激光的加热作用,在进入金属熔池之前,粉末形态改变。依据所吸收能量的多少,粉末形态有熔化态、半熔化态和未熔化态。

(2) 激光与基体间的相互作用。使基体熔化产生熔池的热量来自激光与粉末作用衰减之后的能量,该能量的大小决定了基体熔深,进而对熔覆层的稀释产生影响。

(3) 粉末与基体间的相互作用。在载气流力学因素的扰动下,合金粉末在喷出送粉口之后产生发散,导致部分粉末未进入基体金属熔池,而是被束流冲击到未熔基体上发生的飞溅。这是侧向送粉式激光熔覆粉末利用率较低的一个重要原因。

激光熔覆获得与基体呈冶金结合、稀释率低的表面熔覆层,对基体热影响较小,能进行局部熔覆。从 20 世纪 70 年代开始,激光熔覆技术的研究领域进一步扩大和加深,包括熔覆层质量、组织和使用性能、合金选择、工艺性、热物理性能和计算机数值模拟等。例如,对 60号钢进行碳化钨激光熔覆后,熔覆层硬度最高达 2200 HV,耐磨性能为基体 60 号钢的 20 倍左右。

激光熔覆的特点如下。

(1) 冷却速度快(高达 1×10^6 ℃/s),属于快速凝固过程,容易得到细晶组织或产生平衡态所无法得到的新相,如非稳相、非晶态等。

(2) 涂层稀释率低(一般小于 5%),与基体呈牢固的冶金结合或界面扩散结合,通过对激光工艺参数的调整,可以获得低稀释率的良好涂层,并且涂层成分和稀释度可控。

(3) 热输入和畸变较小,尤其是采用高功率密度快速熔覆时,变形可降低到零件的装配公差内。

(4) 粉末选择几乎没有任何限制,特别是在低熔点金属表面熔覆高熔点合金时。

(5) 熔覆层的厚度范围大,单独送粉一次,熔覆层的厚度为 0.2~2.0 mm。

(6) 能进行选区熔覆,材料消耗少,具有卓越的性价比。

(7) 光束瞄准可以对难以接近的区域进行熔覆。

(8) 工艺过程易于实现自动化。

7.3.2 激光熔覆的分类

合金粉末是激光熔覆最常用的材料。按熔覆材料送粉方式的不同,激光熔覆可以分为预置送粉式激光熔覆和同步送粉式激光熔覆两种。

同步送粉式激光熔覆是将熔覆材料直接送入激光光束中,使供料和熔覆同时完成。熔覆材料主要是以合金粉末的形式送入,有的也采用丝材或板材。激光光束相对于熔覆表面位向的不同,可以采用不同的方法送料。常见送料法包括同步送粉式和同步送丝式等,如表7-2 所示。不同的添加方式会影响激光熔覆过程的能量、动量和质量传输,最终会影响熔覆过程的冶金行为和涂层性能。同步送粉式激光熔覆的主要工艺流程为基材熔覆表面预处理→送料和激光熔化→热处理。其中同步送粉式激光熔覆又可以分为侧向送粉式和同轴送粉式两种方式。

表7-2　同步送丝式和同步送粉式

同步送丝式	用丝材作为激光熔覆材料,将丝材倾斜指向处理表面,用高于等离子体形成阈值的功率密度(大于 2×10^6 W/mm^2)辐照,激光能量主要经由等离子体传递给丝材和零件	丝材的反射率高于粉末材料,通常将丝预热到 1000 ℃以上,可以显著减少所需激光功率。送丝法使用容易离子化的气体作为防护气体(如 CO_2),材料利用率接近 100%,熔覆速度高达 3 kg/h
同步送粉式	同步送粉式可以充分利用能量,还具有在不同形状和位置的基体上进行熔覆的工艺灵活性,更有意义的是通过控制粉末束流与激光光束相互作用的位置可以控制熔覆材料和基体的熔化,从而实现熔点相差悬殊的涂层材料和基体间的激光熔覆	无论是从技术角度,还是从生产效率角度,同步送粉式是激光熔覆中材料添加方式的主流

这两种方法效果相似,同步送粉式具有易实现自动化控制、激光能量吸收率高、熔覆层内部无气孔和加工成形性良好等优点,熔覆金属陶瓷可以提高熔覆层的抗裂性能,使硬质陶瓷可以在熔覆层内均匀分布,若同时加载保护气,可防止溶池氧化,获得表面光亮的熔覆层。目前实际应用较多的是同步送粉式激光熔覆。

图 7-5 为同步送粉式激光熔覆的示意图。激光光束照射基材形成液态熔池,合金粉末在载气的带动下由送粉喷嘴喷出,与激光作用后进入液态熔池,随着送粉喷嘴与激光光束的同步移动形成了熔覆层。

用气动喷注法把粉末传送入溶池中被认为是成效较高的方法,激光光束与材料的相互

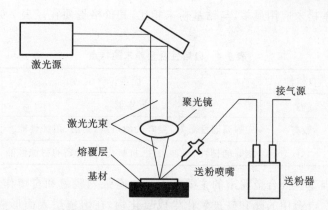

图 7-5　同步送粉式激光熔覆的示意图

作用区被熔化的粉末层所覆盖,会提高对激光能量的吸收。这时成分的稀释是由粉末、流速控制的,而不是由激光功率密度控制的。

7.3.3　激光熔覆材料

激光熔覆材料指用于形成熔覆层的材料,按形状可分为粉材、丝材、片材等。其中,粉末状熔覆材料的应用最为广泛。采用激光熔覆技术可以制备铁基、镍基、钴基、铝基、钛基、镁基等金属基复合材料。激光熔覆可以制备单一或同时兼备多种功能的熔覆层,如耐磨损、耐腐蚀、耐高温的,以及具有特殊功能性的熔覆层。从构成熔覆层的材料体系看,已由二元合金体系发展到多元体系。多元体系的合金成分,以及多功能性是激光熔覆制备新材料的重要发展方向。

如果采用粉末材料,其流动性对送粉的均匀稳定性有很大影响,进而影响熔覆层的成形和质量。粉末流动性与其形状、粒度、分布、表面状态有关。球形粉末流动性最好,普通粒度粉和粗粒度粉流动性适中,细粉和超细粉流动性差,容易团聚和堵塞喷嘴。目前,激光熔覆粉末大多采用热喷涂粉末,可按如表 7-3 所示的方式分类。

表 7-3　激光熔覆粉末分类

分类方式	备注
按照粉末性质的不同	分为自熔性合金粉末、碳化物陶瓷粉末等
按照粉末制备方法的不同	分为超声雾化粉末、烧结破碎粉末等
按照粉末性能特点的不同	分为耐磨损、耐腐蚀、耐高温粉末等

激光熔覆所用的粉材主要有自熔性合金粉末、碳化物复合粉末、氧化物陶瓷粉末等。这些材料具有优异的耐磨和耐蚀性能等,通常以粉末的形式使用,将其用作激光熔覆材料可获得满意的效果。

自熔性合金粉末和复合粉末是最适于激光熔覆的材料,与基体材料具有良好的润湿性,易获得稀释率低、与基体冶金结合的致密熔覆层,提高工件表面的耐磨、耐蚀及耐热性能。

应用广泛的激光熔覆自熔性合金粉末主要有镍基粉末、钴基粉末、铁基粉末、陶瓷粉末等。其中,又以镍基粉末应用最多,与钴基粉末相比,其价格更便宜。表 7-4 列出了几种自熔性合金粉末的特点。

表 7-4　自熔性合金粉末的特点

合金粉末	自熔性	优点	缺点
铁基	差	成本低	抗氧化性差
钴基	较好	耐高温性最好,良好的耐热震、耐磨、耐蚀性能	价格较高
镍基	好	良好的韧性、耐冲击性、抗氧化性,较高的耐蚀性能	耐高温性差

　　铁基、钴基及镍基三大合金粉末的主要特点是含有强烈脱氧和自熔作用的硼、硅。这类粉末在激光熔覆时,合金中的硼和硅被氧化生成氧化物,在熔覆层表面形成薄膜。这种薄膜既能防止合金中的元素被过度氧化,又能与这些元素的氧化物形成硼硅酸盐,减少熔覆层中的夹杂和含氧量,获得氧化物少、气孔率低的熔覆层。硼和硅还能降低合金的熔点,改善熔体对基体金属的润湿能力,对合金的流动性及表面张力产生有利的影响。激光熔覆自熔性合金主要有铁基合金、镍基合金、钴基合金和复合合金等,如表 7-5 所示。

表 7-5　激光熔覆自熔性合金分类

分类	性能	备注
铁基合金	涂层与基体具有良好的浸润性,可以有效地解决激光熔覆层剥落的问题,同时降低了对稀释率的严格要求,有利于激光工艺控制。但铁基合金熔点高,自熔性差,抗氧化性差,流动性不好	使用的铁基合金主要有 316 不锈钢/En3 钢、316L 不锈钢/低碳钢、Ni-Cr、Fe-Cr-C-W/AISI1018 钢等
镍基合金	镍基合金以其良好的浸润性、耐蚀性、高温自润滑作用和适中的价格在激光熔覆技术中用得最为广泛,它适用于局部要求耐磨、耐热、耐蚀的零件	镍基合金的激光熔覆原理是运用铬、钼、钴、铁等元素进行奥氏体固溶强化。激光熔覆镍基合金的合金元素选择也是基于各个方面来进行的,但根据激光熔覆工艺的特点,合金元素的添加量有所差别
钴基合金	钴基合金具有良好的耐高温、耐磨、耐蚀等性能,适用于耐磨、耐蚀和抗热疲劳的零件。钴基合金粉末在熔化时具有很好的润湿性,熔化后在基体材料的表面均匀铺展,有利于获得致密性好和光滑平整的熔覆层,提高了熔覆层与基体材料的结合强度	合金元素主要是钴、铬、铁、镍和碳;此外添加硼和硅增加合金粉末的润湿性,适用形成自熔性合金,但硼含量过多会增加开裂倾向。钴基合金有良好的热稳定性,熔覆时很少发生蒸发、升华和明显的变质
复合合金	在滑动磨损、冲击磨损和磨粒磨损严重的条件下,单纯的钴基合金、镍基合金、铁基合金已不能胜任使用要求,此时可在上述的自熔性合金粉末中加入各种高熔点的碳化物、氮化物、硼化物和氧化物陶瓷颗粒,制成复合合金。复合合金又可分为碳化物复合合金和自黏接复合合金	复合合金具有很高的硬度和良好的耐磨性,其中(Co、Ni)/WC 适应于低温(小于 560 ℃)工作条件,而(NiCr、NiCrAl)/Cr_3C_2 则适用于高温工作环境。此外,(Co、Ni)/WC 复合粉末还可与自熔性合金一起使用

7.3.4　激光熔覆层的表面性能

激光熔覆层的各种表面性能与涂层材料的原始成分、基材成分、熔覆层的质量与组织特征，以及激光工艺参数有着密切关系。尤其是陶瓷涂层的出现，大大开拓了陶瓷材料的使用范围。通过加入各种陶瓷粒子，与不同金属粉末合理匹配而获得的激光金属陶瓷复合涂层，赋予了材料表面各种有别于基体的特殊保护功能。激光熔覆层的表面改性研究，主要集中在耐磨、耐蚀、抗氧化等方面，如表 7-6 所示。

表 7-6　激光熔覆层的表面性能

表面性能	特点	注解
耐磨	耐磨涂层是激光熔覆中研究最早、最多的一种涂层	熔覆层的材料体系从最初选用的镍基、钴基和铁基自熔合金，逐步发展到在这些自熔合金中加入各种高熔点、高硬度的碳化物、氮化物、硼化物和氧化物陶瓷颗粒，形成复合涂层，甚至纯陶瓷涂层，为金属材料表面陶瓷化开辟了一条新的途径
耐蚀	常规不锈钢由于其较差的耐蚀性能，而不能广泛地使用在海洋工程或其他含有氯离子的工况环境中，添加钼、镍和铬的超级不锈钢，虽然可改善耐蚀性能，但与常规不锈钢相比，具有成本昂贵和其他力学性能较差的不足之处	激光熔覆耐蚀涂层以镍基、钴基自熔合金或不锈钢及以它们为基的金属陶瓷复合涂层材料为主，具有优良的耐蚀性能；以镍基自熔合金和不锈钢为基的含 SiC、B_4C、WC 等颗粒的复合涂层具有良好的耐蚀性能；以钴基自熔合金为基的硬质合金涂层则显示出良好的抗热气蚀和冲蚀能力
抗氧化	激光熔覆抗氧化涂层中研究较多的是 MCrAlY 系合金（其中 M 代表铁、镍、钴等元素）。此类涂层在高温氧化环境中能形成表面氧化保护膜 $A_{12}O_3$（或 $MA_{12}O_4$），在高温、腐蚀环境中具有很高的惰性，氧化膜的增厚十分缓慢	稀土元素 Y 一般存在于氧化膜与合金界面的扩展前沿，优先发生氧化，阻碍界面的扩展，并能进一步细化组织、稳定晶界和减缓内扩散，增强涂层的抗高温、耐蚀能力

7.3.5　激光熔覆设备的基本结构

激光熔覆设备是由多个系统组成的，必备的三大模块有激光器及光路系统、送粉系统、控制系统，如图 7-6 所示。

1. 激光器及光路系统

激光器作为熔化金属粉末的高能量密度的热源，是激光熔覆设备的核心部分，其性能直接影响熔覆的效果。光路系统用于将激光器产生的能量传导到加工区域。光纤是当今光路系统的主要代表。

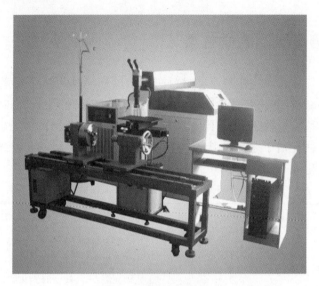

图 7-6　激光熔覆设备

目前激光熔覆主要采用 CO_2 激光器,少部分采用固体激光器。

1) CO_2 激光器

CO_2 激光器是应用最广、种类最多的一种激光器,在汽车业、钢铁工业、造船工业、航空及宇航业、电机工业、机械工业、冶金工业等领域广泛应用,约占全球工业激光器销售额的 40%。

CO_2 激光器的主要特点如下。

(1) 功率高。CO_2 激光器是目前输出功率达到最高级区的激光器之一,其最大连续输出功率可达几十万瓦。

(2) 效率高。光电转换率可达 30%,比其他激光器的效率高得多。

(3) 激光光束质量高。模式好,相干性好,线宽窄,工作稳定。

2) 固体激光器

传统的固体激光器通常采用高功率气体放电灯泵浦,其泵浦效率为 3%~6%。YAG 激光熔覆常采用脉冲激光熔覆。最近的工程应用表明采用 YAG 激光熔覆在小型零部件方面更有优势。

CO_2 激光器、YAG 激光器的输出特性对比如表 7-7 所示(PW 为脉冲式,CW 为连续式)。

表 7-7　CO_2 激光器、YAG 激光器的输出特性对比

激光器	波长/μm	输出方式	脉冲宽度/ms	输出能量	最大输出功率密度/(W/mm^2)
CO_2 激光器	10.6	PW/CW	0.1~100	PW:几个焦耳 CW:几十至几千焦	1×10^6
YAG 激光器	1.06	PW/CW	0.01~10	PW:几个至几百焦耳 CW:几十至几千焦	1×10^6

由表7-7可知,激光的输出能量有脉冲式和连续式两种类型。YAG激光器相对CO_2激光器温度升得快,需要激光的能量少,热影响区和热变形区小,处理层冷却速度快,温度梯度大,所以YAG激光器的激光产生的热影响区和热变形区小于CO_2激光器的。

2. 送粉系统

送粉系统是激光熔覆设备的一个关键部分,送粉系统的工作稳定性对最终熔覆层的成形质量、精度以及性能有重要的影响。送粉系统通常包括送粉器、粉末传输管道和送粉喷嘴,如图7-7所示。如果选用气动送粉系统还应包括供气装置。

依据送粉原理划分,送粉器可分为重力式送粉、气动式送粉器、机械式送粉器等。送粉器是送粉系统的核心。为了获得具有优异成形质量、精度和性能的熔覆层,一个质量稳定、控制精确的送粉器是不可缺少的。以气动式送粉器为例,不仅要求保证送粉电压与粉末输送量之间呈线性关系,还须保证送粉电压稳定,送粉流量要保持连续、均匀。如果送粉器的送粉流量波动很大,进入熔池的粉末量会随之发生变化,导致最终成形的熔覆尺寸偏差大,尤其是在熔覆层高度方面,尺寸偏差最为明显。

图7-7　送粉系统

对于送粉喷嘴来说,喷嘴孔径对粉末利用率有较大的影响。送粉喷嘴的孔径应小于熔覆时激光的光斑直径,这样能保证粉末有效地进入金属熔池。送粉式激光熔覆存在粉末飞溅的问题,损失较大、利用率较低,其主要原因是粉末束发散。粉末束在喷嘴出口处形成的发散,导致到达基体表面的部分粉末飞落到熔池之外。只有进入熔池的合金粉末才能有助于熔覆层成形,喷射到熔池之外的粉末在动能的作用下从基体上反弹出去,产生飞溅损失。粉末束的发散角越小,进入熔池的粒子越多,粉末的实际利用率越高。

3. 控制系统

控制系统是激光输送端头的载体,对实现激光熔覆成形的精确控制是必不可少的。关于控制系统的技术属性,须保证能够在X轴、Y轴、Z轴三个维度进行操纵,这在早期的数控机床上即可实现。但要实现任意复杂形状工件的熔覆,至少还需要两个维度,即转动和摆动,数控机器人可满足这一需求。

除以上激光器及光路系统、送粉系统、控制系统外,依据实验或工况条件还可配制如下辅助装置。

(1)保护气系统。对于一些易氧化的熔覆材料,为提高激光熔覆成形质量,用保护气可保证加工区域达到技术要求。常见的保护气有氩气和氦气。

(2)监测与反馈控制系统。对激光熔覆过程进行实时监测,并根据监测结果对熔覆过程进行反馈控制,以保证激光熔覆的稳定性。该系统对成形精度的影响至关重要,如在激光头部位加装光学反馈的跟踪系统,会大幅度提高熔覆精度。

7.3.6　激光熔覆工艺

激光熔覆是一个复杂的物理、化学冶金过程。激光熔覆工艺所用设备、材料以及熔覆过程中的参数对熔覆件的质量有很大的影响。

激光熔覆前需要对材料表面进行预处理,去除材料表面的油污、水分、灰尘、锈蚀、氧化皮等,防止其进入熔覆层形成夹杂物和熔覆缺陷,影响熔覆层质量和性能。如果工件表面的污染物比较牢固,可以采用机械喷砂的方法进行清理,喷砂还有利于提高表面粗糙度,提高基体对激光的吸收率。工件表面的油污可以通过将清洗剂加热到一定的温度后进行清洗。粉末在使用前也应在一定的温度下进行烘干,以去除其表面吸附的水分,改善其流动性。

激光熔覆有单道、多道搭接,单层、多层叠加等多种形式。采用何种形式取决于熔覆层的具体尺寸要求。通过多道搭接和多层叠加可以实现大面积和大厚度熔覆层的制备。

激光熔覆层的成形与熔覆工艺有密切关系。激光熔覆工艺参数主要有激光功率、送粉速度、熔覆扫描速度、光斑直径、离焦量、预热温度。选择合理的工艺参数,可保证熔覆层与基体优良的冶金结合,保证熔覆层平整、组织致密、无缺陷。激光熔覆过程中吹送氩气保护熔池,以防氧化。激光熔覆工艺与熔覆层关系如图7-8所示。

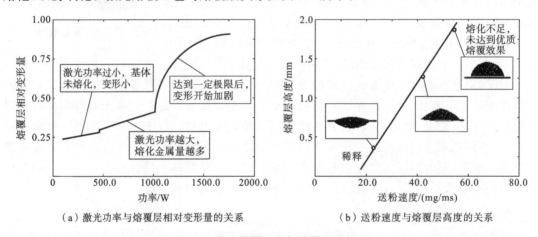

(a)激光功率与熔覆层相对变形量的关系　　(b)送粉速度与熔覆层高度的关系

图7-8　激光熔覆工艺与熔覆层的关系

图7-8(a)是激光功率与熔覆层相对变形量的关系,激光功率过小,仅表面涂层熔化,基体未熔化,相对变形量小。激光功率越大,熔化的熔覆金属量越多。随着激光功率增加,熔覆层深度增加,熔化的液体金属剧烈波动。当熔覆层深度达到一定程度后,随着功率增加,基体表面温度升高,相对变形量增加。图7-8(b)是送粉速度与熔覆层高度的关系。在一定的条件下,随着送粉速度增加,熔覆层高度增加,宽度变化不大,激光有效利用率增大,但是当送粉速度达到一定程度时,熔覆层与基体便不能良好结合。因为激光加热粉末的过程中,部分能量在粉末之间发生漫散射,增大了粉末的吸收率,延长了激光与粉末的作用时间。

激光熔覆工艺参数对熔覆层的稀释率、裂纹、表面粗糙度,以及熔覆零件的致密性等有很大影响。采用合理的控制方法将这些参数控制在激光熔覆工艺允许的范围内。

1. 工艺参数

在激光熔覆中,影响熔覆层质量的工艺因素有很多,例如,激光功率、光斑尺寸、激光输出时激光光束构型和聚焦方式、工件移动速度或激光扫描速度、多道搭接系数 α,以及不同填料方式确定的涂层材料添加参量。实际上,这些因素中可调节的工艺参数并不多。这是因为激光器一旦选定,激光系统特性也就确定了。在熔覆过程中,激光熔覆的质量主要靠调整三个重要参数来实现,即激光功率 P、激光光束直径 D 和扫描速度 v(或称熔覆速度)。

1)激光功率

激光功率越大,熔化的熔覆金属量越多,产生孔穴的概率越大。激光功率过小,仅表面涂层熔化,基体未熔化,此时熔覆层表面出现局部起球、空洞等,达不到表面熔覆的目的。随着激光功率增加,熔覆层深度增加,周围的液体金属剧烈波动,动态凝固结晶,使孔穴的数量逐渐减少甚至得以消除,裂纹也逐渐减少。当熔覆层深度达到极限深度后,随着功率提高,基体表面温度升高,变形和开裂现象加剧。

2)激光光束直径

激光光束一般为圆形,熔覆层宽度主要取决于激光光束的光斑直径,光斑直径增加,熔覆层变宽。光斑直径不同会引起熔覆层表面能量分布变化,所获得的熔覆层形貌和组织性能有较大的差别。一般来说,在小光斑直径下,熔覆层质量较好,随着光斑直径的增大,熔覆层质量会下降。但光斑直径过小,不利于获得大面积的熔覆层。

3)熔覆速度

熔覆速度与激光功率有相似的影响。熔覆速度过高,合金粉末不能完全熔化,不能起到优质熔覆的效果。熔覆速度太低,熔池存在时间过长,粉末过烧,合金元素损失,同时基体的热输入量大,会增加变形量。

激光熔覆参数不是独立地影响熔覆层宏观和微观质量的,而是相互影响的。能量减小有利于降低稀释率,同时它与熔覆层厚度也有一定的关系。在激光功率一定的条件下,熔覆层稀释率随光斑直径的增大而减小;当熔覆速度和光斑直径一定时,熔覆层稀释率随激光光束功率的增大而增大。同样,随着熔覆速度的增加,基体的熔化深度下降,基体材料对熔覆层的稀释率下降。

2. 工艺参数对熔覆质量的影响

1)稀释率的影响

稀释率是一个重要的概念。稀释率是指激光熔覆过程中,由于基体材料熔化进入熔覆层从而导致熔覆层成分发生变化的程度。激光熔覆的目的是将具有特殊性能的熔覆合金熔化于普通金属材料表面,并保持最小的基材稀释率,使之获得熔覆合金层具备而基材欠缺的耐磨、耐蚀等使用性能。激光熔覆工艺参数的选择应在保证冶金结合的前提下尽量减小稀释率。

(1)稀释率是激光熔覆工艺控制的重要因素之一。

(2)稀释率的大小直接影响熔覆层的性能。

稀释率过大,基体对熔覆层的稀释作用大,损害熔覆层固有的性能,增大熔覆层开裂、变形的倾向;稀释率过小,熔覆层与基体不能在界面形成良好的冶金结合,熔覆层易剥落。因此,控制熔覆层稀释率的大小是获得优良熔覆层的先决条件。

(3)熔覆层的硬度与稀释率密切相关。

对于特定的合金粉末，稀释率越小，熔覆层的硬度越高。获得最高硬度的最佳稀释率范围是 $3\%\sim8\%$。适当调节工艺参数可控制稀释率大小。在激光功率不变的前提下，提高送粉速度或降低熔覆速度会使稀释率变小。

影响稀释率的因素主要有熔覆材料和基体材料的相对性质以及熔覆工艺参数的选择。影响稀释率的熔覆材料性质主要有自熔性、润湿性和熔点。如果在钢件表面激光熔覆钴基自熔性合金，稀释率应小于 10%，但是在镍基高温合金表面熔覆 Cr_3C_2 陶瓷材料，稀释率可达到 30%。

2）激光熔覆的熔池对流及影响

激光辐照的熔覆金属存在对流现象。在激光的辐照下，熔池内温度分布不均匀会造成表面张力大小不等，温度越低的地方表面张力越大。这种表面张力差驱使液体从低的张力区流向高的张力区，流动的结果使液体表面产生了高度差，在重力的作用下又驱使液态金属重新回流，这样就形成了对流，液态金属的表面张力随温度的升高而降低，所以熔池的表面张力分布是从熔池中心到熔池边缘逐渐增加的。

7.4 激光合金化

7.4.1 概述

激光合金化的研究可以追溯到 1964 年，F. E. Cumningham 首先采用红宝石激光器开发了激光合金化技术，从此，伴随着激光器的性能完善和大功率激光器的开发，激光合金化技术不断得到发展。尤其是 20 世纪 80 年代以来，许多国家和地区都投入了大量的人力与物力进行研究，该工艺具有十分广泛的应用前景。

激光合金化是一种材料表面改性技术。把合金元素或化合物直接或间接结合到基体材料表面，然后在高能激光光束的加热下快速熔化、混合，使合金元素或化合物均匀分散并熔渗于液化层（熔池）中，形成厚度为 $10\sim1000\ \mu m$ 的表面熔化层。熔化层能在很短的时间内（$50\sim2000\ ms$）形成具有符合某种要求的深度和化学成分或组成相的新表面合金层，这种合金层与基体之间有很强的结合力。

激光合金化工艺可以在一些价格便宜、表面性能不够优越的基材表面制造出耐磨、耐蚀、耐高温的表面合金层，用于取代昂贵的整体合金，节约贵重金属材料和战略材料，使廉价合金获得更广泛的应用，降低成本。另外，它还可用来制造出在性能上与用传统冶金方法所制造出的不同的表面合金，如国外曾采用该工艺研制出超导合金和表面金属玻璃等。

激光合金化能够进行局部表面处理，而且变形小、速度快。它能使廉价的金属材料，无论是碳钢、合金钢或有色金属及其合金的表层，都能够得到任意成分的合金和相应的微观组织，从而获得良好的物理、化学及综合力学性能。激光合金化样品如图 7-9 所示。

图 7-9 激光合金化样品

7.4.2 激光合金化原理

激光合金化是一种通过改变材料表面成分来实现激光表面改性的技术。它是应用激光辐照加热工件,使之熔化至所需深度,同时添加适当合金化元素来改变基材表面组织,形成新的非平衡微观结构,从而提高材料的耐磨和耐蚀性能。合金化的表面层与基材形成冶金结合。与普通电弧表面合金化和等离子喷涂合金化相比,激光表面合金化的优越性主要体现在可以准确地控制功率密度和加热深度,工件的变形小,加工过程快,可实现材料局部和难于接近部位的合金化,可在不规则的工件上获得均匀的合金化深度。

1. 激光合金化激光

激光合金化所用的激光,按重要性递减的顺序为 CO_2 激光、YAG 激光、掺钕玻璃激光和掺铬氧化铝(红宝石)激光,可以采用脉冲型波和连续型波,有时还可以采用光电开关(调 Q 开关),在很短的时间内获得高峰值功率脉冲。

激光合金化选择所用激光的重要参数是激光的输出功率、光斑尺寸、光束构型、扫描速率等,激光合金化中能量密度一般为 $1 \times 10^4 \sim 1 \times 10^8$ W/cm^2。如果采用近似聚焦的激光光束,一般在 $0.1 \sim 10$ ms 的时间内就会形成要求的合金化熔池,其深度一般为 $0.5 \sim 2$ mm,自激冷却速度高达 1×10^{11} ℃/s,相应的冷却速率达 20 m/s。目前,实用的工艺都是在大功率连续 CO_2 激光器上进行的,因为它比其他类型的激光器具有更高的效率和功率。

2. 激光合金化加工设备的配套性与稳定性

激光合金化需要大功率激光光束,因为用于激光合金化的最大光斑直径受到激光功率的限制,如 2 kW 左右的 CO_2 激光器,适于激光合金化的最大光束直径仅为 5 mm,对于 5 kW 激光器的最大激光光束直径也只有 8 mm 左右。对于连续激光,为了达到大面积合金化的目的,必须要利用大功率或大面积光斑技术,如聚焦法、宽带法及转镜法等。

激光合金化时搭接扫描示意图如图 7-10 所示。

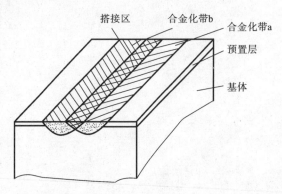

图 7-10　激光合金化时搭接扫描示意图

3. 激光合金化材料与基体材料间的匹配性

激光合金化所使用的金属和化合物可以用于不同金属材料表面的强化。由于这些合金化材料在高能激光光束的作用下,很容易进入激光合金化区。对于激光合金化技术的应用来说,选择合金化材料时除了考虑所需要的性能(如合金化层的硬度、耐磨性、耐蚀性、抗氧化性等)外,还需考虑在激光作用下这些合金化材料在进入金属表面时的行为及其与基体金属熔体的相互作用特征,即与溶解性、形成化合物的可能性、润湿性、线膨胀系数和密度等物理性能的匹配性,以保证得到均匀、连续、无裂纹和孔穴缺陷的合金化层。

7.4.3　激光合金化材料

在选择合金化材料时,首先,应考虑合金化层的性能要求,如硬度、耐磨性、耐蚀性及高温下的抗氧化性等;其次,要考虑合金化元素与母材金属熔体间相互作用的特性,如可溶解性、形成化合物的可能性、浸润性、线胀系数等;另外,还要考虑表面合金层与母材间呈冶金结合的牢固性,以及合金层的脆性、抗压、抗弯曲等性能。在激光合金化工艺的开发中,基体材料多数是选择铁基合金和有色金属。半导体与金属薄膜的合金化也是一个重要的应用领域。铁基材料包括普通碳钢、合金钢、高速钢、不锈钢及各类铸铁。有色金属的激光表面改性研究起步较晚,所研究的材料包括铝、钛、铜、镍及其合金。在合金化组元的选择上,既有镍、钛、铬、钼等金属元素,也有碳、氮、硼、硅等非金属元素,以及碳化物、氧化物、氮化物等。金属激光合金化参数如表 7-8 所示。

表 7-8　金属激光合金化参数

基体金属材料	添加成分	硬度
45 钢,GCr15 钢	MoS_2,Cr,Cu	耐磨性提高 2～3 倍
T10 钢	Cr	900～1000 HV
ZL104 铸造铝合金,Fe,45 钢,T8A 钢	Fe	≤4800 HV
	Cr_2O_3,TiO_2	≤1080 HV

续表

基体金属材料	添加成分	硬度
Fe,GCr15 钢	Ni,Mo,Ti,V	≤1650 HV
Fe,45 钢	YG8 硬质合金	≤900 HV
Fe	TiN,Al_2O_3	≤2000 HV
45 钢	WC+Co	1450 HV
	WC+Co-Mo	1200 HV
	WC+Ni+Cr+B+Si	700 HV
铬钢	WC	210 HV
	TiC	1700 HV
灰铸铁	Cr	700 HV
球墨铸铁	Cr	600~750 HV
$AlSi_3O_8$ 不锈钢	TiC	58HRC

8

超短脉冲激光加工设备

8.1 超短脉冲激光基本知识

超短脉冲激光加工技术是一种前沿加工技术,主要用于特殊零部件或者特殊表面的制备,是目前尖端领域的一项重要内容,也是反映一个国家制造业水平和经济社会发展程度的重要方面。目前尽管已有许多较为成熟的微纳加工技术,如微注塑成形技术、超声波微加工技术等,但它们都或多或少存在一些问题,如微注塑成形技术受模具影响其加工精度提升起来很困难,且主要加工对象为有机材料,范围有限。

我国已经布局皮秒激光器国产化。国务院 2016 年发布的《"十三五"国家科技创新规划》指出,要开展超短脉冲、超大功率激光制造等理论研究,突破激光制造关键技术,研发可靠性高、寿命长的激光器核心功能部件,国产先进激光器及高端激光制造工艺装备,开发先进激光制造应用技术和装备。

随着超短脉冲激光(ultrashort pulse laser)的诞生,围绕超短脉冲激光作用于材料表面制备微纳米结构、精确控制材料去除的研究成了热点和领域前沿,这些微纳米结构带来了许多独特的性质:超疏水性、减阻特性、强耐磨性等。传统的激光加工热输入大,在加工过程中会产生热应力使得金属等薄板材料发生变形,影响了微纳加工的效果。超短脉冲一般指时间宽度小于 1×10^{-12} s 的激光脉冲。1×10^{-12} s=1 ps(皮秒);1×10^{-15} s=1 fs(飞秒);1×10^{-18} s=1 as(阿秒)。

近年来,超快激光器正逐渐进入人们的视野。有别于连续激光器,超快激光器拥有超短脉冲(皮秒甚至飞秒级),能以较低的脉冲能量获得极高的峰值光强。目前超快激光器等先进技术已经开始逐步应用于超薄、超硬玻璃基板等脆性材料的加工领域,使得脆性材料加工品质、效率得到了较大的提升。

随着以玻璃、蓝宝石为代表的脆性材料的广泛应用,以及航空航天、军工等领域对新型材料的应用及加工需求的猛增,激光微加工的市场需求量正以短期可预见的速度增长。加之市场对激光加工效率和质量的要求显著提高,作为智能设备加工的前沿技术,微加工因其超高效、超精细的特点备受瞩目。

2018 年 7 月召开第二届中国激光微纳加工技术大会,如图 8-1 所示。

图 8-1 2018 年 7 月召开第二届中国激光微纳加工技术大会

超短脉冲加工:能量极快地注入很小的作用区域,瞬间的高能量密度沉积使电子吸收和运动方式发生变化,避免了激光线性吸收、能量转移和扩散等的影响,从根本上改变了激光与物质的相互作用机制。

皮秒激光作为超短脉冲激光的典型代表,具有超短脉宽、超高峰值功率的特点,其加工对象广泛,尤其适合加工蓝宝石、玻璃、陶瓷等脆性材料和热敏性材料,因此适合于电子产业微细加工行业应用。近两年来皮秒加工设备需求迅速提升,主要原因是指纹识别模组在手机上的应用带动了皮秒激光专用设备的采购。指纹识别模组涉及激光加工的环节有晶圆划片、芯片切割、盖板切割、FPC 软板外形切割打孔、激光打标等,主要是对蓝宝石、玻璃盖板和 IC 芯片的加工。图 8-2 所示的为纳秒激光加工与超短脉冲激光加工对比。

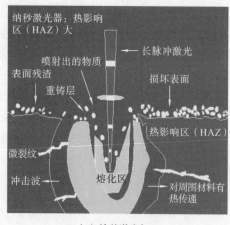

(a)纳秒激光加工

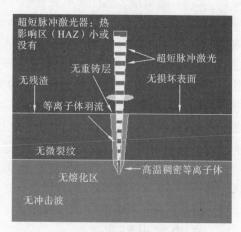

(b)超短脉冲激光加工

图 8-2 纳秒激光加工与超短脉冲激光加工对比

由于激光微纳制造在能量密度、作用空间、时间尺度以及制造体吸收能量的可控尺度都可分别趋于极端,因此制造过程中所利用的物理效应、作用机理完全不同于传统制造。其制造复杂结构的能力与品质远高于传统制造,由此产生了一批新技术(如光刻、近场纳米制造、干涉诱导加工、微焊接等)、一批新产品(如大规模集成电路、MEMS、NEMS 等)等。

若总能量相当,单个皮秒激光脉冲的激光峰值功率和能量密度,高出单个纳秒脉冲上千倍,皮秒脉冲的能量,几乎全部处在任何材料的加工阈值以上。同样多的能量,压缩在纳秒的千分之一时间内释放,几乎没有透射、折射以及热传导损失,如图 8-2 所示,能量全部用来做加工材料的有用功,即使是红外波长的激光脉冲,其热影响部分也可以忽略不计。传统的纳秒激光加工过程(局部快速加热、熔化、汽化)中的缺陷(如毛刺、再结晶、微裂纹等)都可以避免。

如此高的能量密度,不分材料的品种,不论是金属还是非金属,不论是有机物还是无机物,都能使得原子的外围电子脱离原子核的束缚,导致原子带电,发生库仑爆炸,从而实现库仑力的电离加工。这就使得皮秒激光加工适合的品种多,并且可以分层、定深加工各种材料,包括玻璃等透激光物质,包括两种以上材料复合后只去除某一种材料的加工,也包括在一种材料上定深刨掉某深度材料的半刻加工。

超短脉冲激光加工的特点如下。

(1)熔化和热影响区减少,更少重铸材料。

(2)微裂纹较少和具有更好的表面烧蚀质量。

(3)激光能量的吸收对材料、波长的依赖性更小。

正因其具有低热、冷消融、高精度等特性,该系列激光器可加工非常硬或易碎的材料,适用于高效材料清除等诸多领域。

8.1.1 激光放大技术

飞秒激光器的输出能量通常为纳焦耳量级,在实际应用中,往往需要将激光脉冲能量进一步放大。然而,超短激光脉冲在增益介质传输时会产生非线性效应,这种效应容易导致增益介质和谐振腔的损坏。在啁啾脉冲放大(chirped pulse amplification,CPA)技术出现以前,通常通过扩大光斑、增加介质口径的方式来减小峰值功率密度造成的破坏。啁啾脉冲放大技术能有效地避免飞秒激光放大中因激光强度快速提升所引起的放大饱和效应和光学元件损伤效应,从而巧妙地解决了限制激光强度的提升问题。

啁啾脉冲放大技术的原理如图 8-3 所示,具体实现方法是在对脉冲进行能量放大前,先将初始的飞秒脉冲引入一定的色散,将脉冲宽度在时域上展宽至皮秒甚至纳秒量级,从而降低激光脉冲的峰值功率,然后进行能量放大,这样就降低了原件损伤的风险。在激光脉冲经过增益介质获得较高的能量后,再对激光脉冲进行反色散补偿,从而将激光脉冲压缩至原来的脉冲宽度。

8.1.2 脉冲激光整形

飞秒激光脉冲时域整形光路包括一个光阑对和一个聚焦透镜对,他们采用 4f 系统实现零色散。脉冲整形掩模(如空间光调制器、可变形镜或声光调制器)放在透镜对的傅里叶面上以调节激光光谱的相位和振幅。该装置可以产生几乎任意形状的激光脉冲,它的分辨率只受激光脉冲的光谱宽度的限制。通常对于复杂的非线性作用过程,人们很难从理论上预

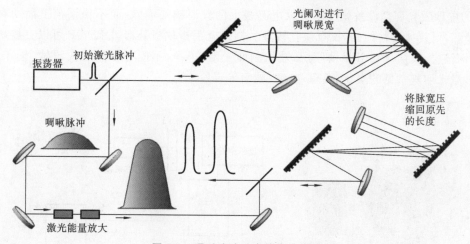

图 8-3 啁啾脉冲放大技术的原理

言对相互作用效果最佳的脉冲时域形状。可在脉冲整形器中加入适应环,根据实际需求来主动优化脉冲的时域特性。如图 8-4 所示,飞秒激光脉冲的时域整形通过对频率域上的振幅与相位的调控来实现。

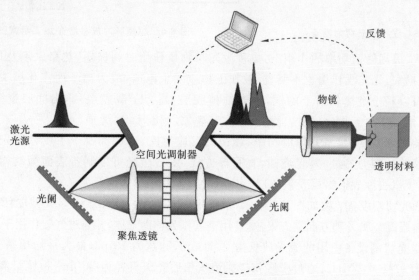

图 8-4 飞秒激光脉冲的时域整形

8.2 皮秒激光切割设备与工艺

8.2.1 皮秒激光切割设备

皮秒激光切割设备由皮秒激光器、控制系统、工作台、光路系统、CCD 视觉系统、除尘系统等组成。皮秒激光切割设备如图 8-5 所示。超短脉冲皮秒激光加工示意图如图 8-6 所示。

50W 的皮秒激光切割设备就可以将软电路板上的较厚铜箔剥除,而不伤铜箔下面的高分子载体薄膜,可直接制作线路,没有炭化现象。割带金手指软板外形,DL500P 可以直接切透镀金层、铜箔层、胶层、PI/PET 薄膜层,被切割面光洁、干净,不同材料间层次清楚、整齐,不会有纳秒激光切割常见的炭化、微短、胶缩、结瘤等现象。

图 8-5　皮秒激光切割设备

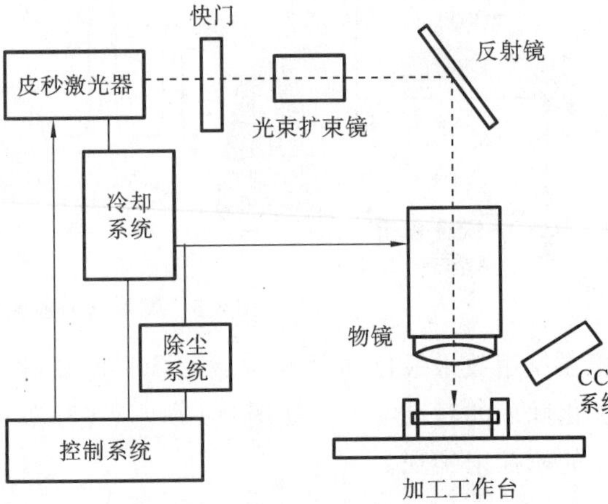

图 8-6　超短脉冲皮秒激光加工示意图

　　在超快、极高峰值功率的作用下,皮秒激光与物质作用时间极短,热量来不及传导,没有透射、反射损失,光化学作用也不明显,被加工物质发生电离,成为离子而汽化被清除。皮秒激光切割可以轻松掀掉软板上的铜箔,光蚀掉胶层、高分子载膜层,露出底层铜箔,形成盲孔,孔壁光洁、清楚,无焦化、板结、脆化、微裂等现象,底铜干净、无损。

　　超短的脉冲宽度、超高的峰值功率、超快的反应时间,这些都赋予了皮秒激光等超短脉冲激光以独特的魅力,通过激光烧蚀、直写等方式,皮秒激光可以制备表面微结构以实现功能化表面,可以去除表面涂层及氧化层、定点焊接、改变金属表面色彩。

　　皮秒激光切割设备装置如图 8-5 所示,系统采用 EdgeWavePX200-2-GM 型皮秒激光器,通过三维扫描振镜实现 Z 轴方向动态聚焦,使用空气作为辅助气体,并通过气刀作用于工件表面。

　　皮秒激光切割设备使用的激光波长为 1064 nm,脉宽为 10 ps,最大平均功率为 100 W,重复频率为 0.4~20 MHz,通过三维扫描振镜聚焦后光斑直径为 50 μm,振镜最高扫描速度为 20 m/s,皮秒激光切割设备参数如表 8-1 所示。

表 8-1　皮秒激光切割设备参数

参数	数值
平均功率	30~100 W
重复频率	0.4~20 MHz
扫描速度	0.1~20 m/s
脉宽	10 ps
聚焦光斑直径	50 μm
激光波长	1064 nm

8.2.2 皮秒激光切割工艺

1. 热影响区的概念

切割（或焊接）过程中，紧靠母材因受热影响（但未熔化）而发生金相组织和力学性能变化的区域称为切割（焊接）热影响区。切割缝或焊缝的旁边就是熔合区（熔断区），这是焊缝与热影响区之间的过渡区。过了熔合区，就是热影响区。

热影响区的组织分布有完全淬火区和不完全淬火区。完全淬火区：这个区在组织特征上属同一类型（马氏体），只是粗细不同，因此统称为完全淬火区。不完全淬火区：原铁素体保持不变，并有不同程度的长大，最后形成马氏体-铁素体的组织，所以称为不完全淬火区。

在热循环的作用下，热影响区的组织分布是不均匀的。熔合区和过热区出现了严重的晶粒粗化，是整个焊接头最薄弱的地带。

2. 基本的工艺参数

平均功率：单个脉冲能量（E）与输出激光的脉冲重复周期（T）的比值。

重复频率：每秒钟脉冲的个数。

扫描速度：扫描的快慢。

循环扫描次数：激光循环的扫描次数。

研究平均功率、重复频率、扫描速度、循环扫描次数对热影响区及扫描深度的影响。

3. 探索工艺参数对热影响区及扫描深度的影响

为了更加均匀地去除整个碳纤维复合材料和提高去除效率，对轨迹进行多次循环扫描，并通过动态聚焦系统实现焦点补偿。工艺参数对热影响区及扫描深度的影响如表8-2所示。

表 8-2 工艺参数对热影响区及扫描深度的影响

工艺参数	工艺效果
平均功率对热影响区的影响	当平均功率增加时，热影响区逐渐减小，随着平均功率的继续增加，热影响区逐渐增大，最后趋于稳定。在重复频率、扫描速度不变时，随着平均功率的增加，单脉冲能量也增大，达到材料烧蚀阈值的能量也更多，激光脉冲能量能更有效地用于碳纤维材料的去除，有利于提高单脉冲能量的利用率，使得热损伤相应地减小，从而使热影响区减小
重复频率对热影响区的影响	重复频率为 0.4～5 MHz 时，热影响区与重复频率几乎成正比关系，随着重复频率的继续增加，热影响区增大并趋于平稳。主要是因为在平均功率、扫描速度不变时，随着频率增加，单脉冲能量减少，达到烧蚀阈值的能量也减少，所以脉冲能量用于碳纤维材料的去除效率更低，使得热损伤增大；另外，随着频率的增加，相邻脉冲的时间越短，积累的热量也越多，使得热损伤相应地增加，从而使热影响区增大
扫描速度对热影响区的影响	随着扫描速度的增大，热影响区减小，当扫描速度大于 10 m/s 时，随着扫描速度的继续增大，热影响区保持在 20 μm 左右。这主要是因为在扫描速度较低时，单位时间内获得的能量大，在扫描过程中累积热量多，导致出现严重的热损伤；而当扫描速度过大时，单位时间内获得的能量小，能量对碳纤维材料去除的效率低，使得热损伤增大，导致热影响区略有增大

工艺参数	工艺效果
循环扫描次数对材料去除的影响	循环扫描次数较多时,扫描深度增加慢,因为随着循环扫描次数的增加,进入切缝内材料表面的激光能量越少,同时,随着切缝深度的增加,汽化的材料更难从切缝中飞溅出来,导致扫描深度的增加速度明显减缓

用紫外皮秒切割设备切割覆盖膜,肉眼观察无粉尘,用显微镜观察,弧线粉尘影响区 12.9 μm,直线粉尘影响区 10 μm,转角粉尘影响区 22 μm,且延时未调整,节点断开,擦拭后,弧线热影响区 6.2 μm,直线热影响区 10.1 μm,转角热影响区 20 μm。紫外皮秒覆盖膜切割效果如图 8-7 所示。

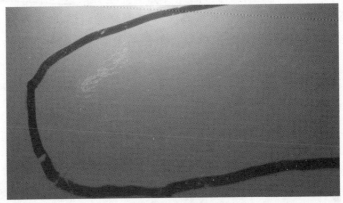

（a）覆盖膜擦拭前

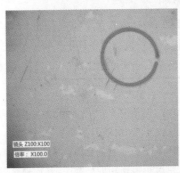 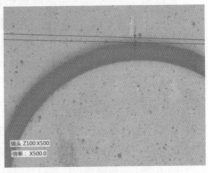

（b）100X,延时未调整,节点断开500X,粉尘影响区12.9 μm

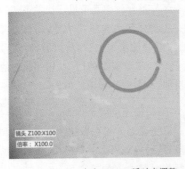 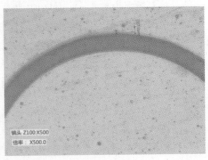

（c）100X,延时未调整,节点断开500X,热影响区7.2 μm

图 8-7 紫外皮秒激光覆盖膜切割效果

高功率皮秒激光器以其高峰值功率、窄脉冲宽度（10～12ps），在材料精细微加工、LED芯片划片、太阳能光伏等科学研究领域得到了广泛的应用。相对于传统纳秒激光（9～10ps），采用皮秒激光加工材料，具有加工精度高、热效应极小、加工边缘无毛刺等优点。针对陶瓷、蓝宝石等硬脆材料，在超短脉冲激光诱导材料表面亚波长纳米结构方面，国内很多科研院所进行了一系列的研究工作。皮秒激光切割蓝宝石材料如图 8-8（a）所示、皮秒激光切割硅、碳化硅等材料如图 8-8（b）所示。

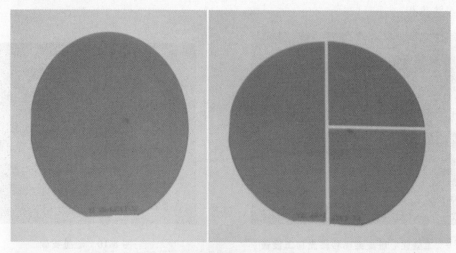

（a）皮秒激光切割蓝宝石材料

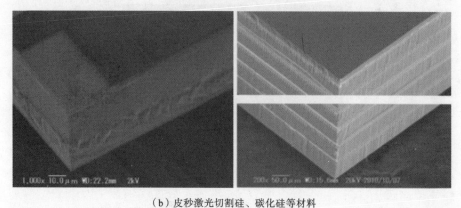

（b）皮秒激光切割硅、碳化硅等材料

图 8-8　皮秒激光切割硬脆材料

8.3　飞秒激光加工设备与工艺

飞秒激光是指时域脉冲宽度在飞秒（1×10^{-15} s）量级的激光。利用飞秒激光短脉冲产生的强电场，消除材料切点附近的自由电子，使带正电荷的材料同性相斥，失去分子间的作用力，通过分子摘除的方式完成材料去除。用这种方式加工的心脏支架断面无毛刺，表面光洁、平滑，加工精度高，并且筋宽均匀。

中国科学院西安光学精密机械研究所成功研制出工业化心脏支架飞秒激光高精细加工设备,解决了国产心脏支架加工毛刺多、精度低、筋宽不一致等加工缺陷,实现了多种材料高精细、低损伤切割加工,提高了国产心脏支架的性能和使用寿命。工业化心脏支架飞秒激光加工设备如图 8-9 所示,其切割的心脏支架如图 8-10 所示,切割筋宽效果图如图 8-11 所示。该设备解决了制约心脏血管支架激光切割加工的瓶颈技术问题,提升了我国激光产业和医疗器械行业的技术水平,既推动了我国整个心脏血管支架行业的迅猛发展,也大幅度减轻了病人的经济负担。

图 8-9　工业化心脏支架飞秒激光加工设备

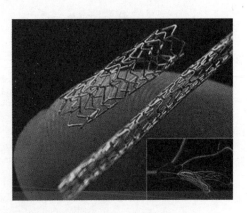

图 8-10　心脏支架

图 8-11　切割筋宽效果图

在超短脉冲激光加工工艺方面,显著影响切割效果的,一方面是激光参数、喷嘴的几何形状和位置,以及加工气体的类型和压力等,另一个重要的方面是合适的工件固定夹具,固定夹具支持可靠的固定和材料的自由切割。将设计图导入激光系统加工时,必须考虑激光的切入以及出口位置。当涉及高精度的开发和高质量的控制时,合适的测量设备能够可靠地测量出几微米的和表面粗糙度值低于 1 μm 的公差。

飞秒精细加工设备利用飞秒激光短脉冲产生的强电场,消除材料切点附近的自由电子,使带正电荷的材料同性相斥,失去分子间的作用力,通过“分子摘除”的方式完成材料去除。根据实验,飞秒激光切割 0.4 mm 玻璃的加工次数最好为 25 次,用时 19 s,对比皮秒激光切割的 13 次、30 s,效率更高,两者的正面切边效果无差别,崩边均在 10 mm 以内,而反观反面切边,皮秒激光切割的切割为锯齿状,飞秒激光切割的正反面相差不大,效果要好很多,飞秒激光切割玻璃如图 8-12 所示。玻璃崩边不得超过 $10~\mu m$,玻璃不得有裂纹,不能发黑发黄。

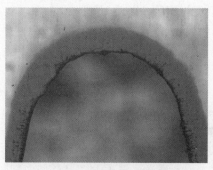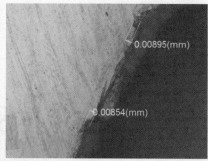

（a）加工次数:22次；放大倍数:200X；用时:17 s

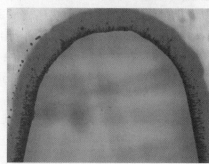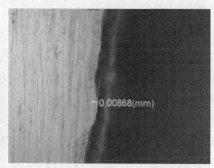

（b）加工次数:25次；放大倍数:200X；用时:19 s

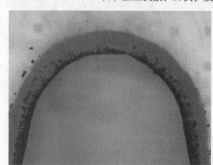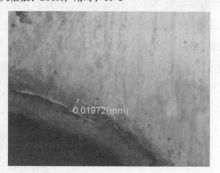

（c）加工次数:27次；放大倍数:200X；用时:20 s

图 8-12　飞秒激光切割玻璃

9

激光快速成形技术及 3D 打印设备

自 20 世纪 90 年代初美国 3Dsystems 公司开发出世界首台商品化的快速成形系统以来，快速成形技术得到了蓬勃发展。这种新技术通过一系列微小单元组合成三维实体，而三维实体又可以切割成一系列的微小单元，这种过程把特定材料添加到欲制作的三维实体的指定位置上，采用聚合、熔接以及烧结等手段，把特定的固体材料液化，再固化成指定形状的三维实体或零件。

激光快速成形(LRP)技术的概念起源于零件的三维制造，它是根据零件的三维模型和数据，在不借助传统加工设备的情况下，迅速实现特定零件或模具精确制造的技术。该技术充分体现了计算机辅助设计(CAD)、数控、激光技术和材料学等学科与技术的融合，是一个典型的综合型高新技术，也是目前先进工业制造技术的一个重要发展方向。激光快速成形技术与传统的机械加工技术相比，具有速度快、加工周期短、成本低等显著特点，特别是对某些结构复杂的工件的制造，是其他加工方法不可替代的。经过二十年的发展，激光快速成形技术已逐渐成为激光加工技术领域极具开发前景的新型学科，并已在模具制造等工业领域得到了广泛的应用。

9.1 概　　述

9.1.1　激光快速成形技术的原理

根据成形学的观点，成形方式可分为去除成形、添加成形、受迫成形和生长成形。去除成形指传统的车、刨、磨等加工方式，是目前制造业最主要的成形方式。添加成形指利用各种物理、化学等手段有序地添加材料来达到零件设计要求的成形方式。快速成形技术(又称 3D 打印)是添加成形的典型代表，它从思想上突破了传统的成形方式，可快速制造出任意复杂的零件，是一种非常有前景的新型制造技术。

激光快速成形技术是基于离散、堆积理论的。首先，在电脑的三维 CAD 软件上建立符合需要的零件模型，然后，采用分层软件对其按一定的次序进行分层切片处理，得到每一层的截面数据,使复杂的三维零件分解为一系列相对简单的二维平面图形,计算机得到扫描轨迹的指令。采用自动控制技术,按指令使激光有选择地扫描与计算机内零件截面相对应部分,使固体材料粉末烧结成形或液体材料凝固成形。根据零件的平面几何图形数据进行下一层的成形,如此逐层烧结、堆积,得到与 CAD 原形一致的实体。激光快速成形产品如图9-1所示。

图 9-1 激光快速成形产品

9.1.2 快速成形技术(3D 打印)的发展历史

1. 3D 打印发展史

1986 年,美国人 Charles Hull 开发了第一台商业 3D 印刷机。

1988 年,斯科特·克伦普发明了熔融沉积成形技术(FDM)。

1991 年,Helisys 售出第一台叠层法快速成形(LOM)系统。

1993 年,美国麻省理工学院获 3D 印刷技术专利。

1995 年,美国 ZCorp 公司从麻省理工学院获得唯一授权并开始开发 3D 打印机。

2005 年,市场上首个高清晰彩色 3D 打印机 Spectrum Z510(见图 9-2)由 ZCorp 公司研制成功。

2008 年,Objet Geometries 公司推出其革命性的 Connex500™快速成形系统,这是有史以来第一台能够同时使用几种不同的打印原料的 3D 打印机。

2010 年 11 月,世界上第一辆 3D 打印的汽车 Urbee(见图 9-3)问世。

2011 年 7 月,英国研究人员开发出世界上第一台 3D 巧克力打印机。

2011 年 8 月,英国南安普敦大学的工程师们开发出世界上第一架 3D 打印的飞机(见图9-4)。

2012 年 11 月,苏格兰科学家利用人体细胞首次用 3D 打印机打印出人造肝脏组织(见图9-5)。

2013 年 10 月,全球首次成功拍卖一款名为"ONO 之神"的 3D 打印艺术品(见图 9-6)。

图 9-2 Spectrum Z510

图 9-3 3D 打印的汽车 Urbee

图 9-4 3D 打印的飞机

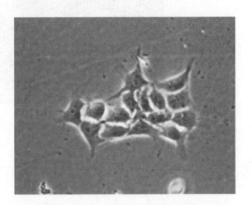

图 9-5 3D 打印的人造肝脏组织

2013 年 11 月,美国得克萨斯州奥斯汀的 3D 打印公司"固体概念"(SolidConcepts)设计制造出 3D 打印的金属手枪(见图 9-7)。

图 9-6 3D 打印艺术品

图 9-7 3D 打印的金属手枪

2017 年 1 月 16 日,科技公司 Bellus 3D 可完整拍下具有高分辨率的人脸 3D 照片,利用这些照片进行 3D 打印得到的面具与真正的人脸相差无几。

2017 年 4 月 7 日,德国运动品牌阿迪达斯(adidas)推出了全球首款鞋底由 3D 打印制成的运动鞋,计划在 2018 年开始批量生产,以应对快速变化的时尚潮流,生产更多的定制产品。

2. 中国 3D 打印发展史

我国从 1994 年开始研究 3D 打印,北京隆源自动成型系统公司于 1995 年成功研发了一台 AFS 激光快速成形机,随后华中科技大学也研制出了 SLS 快速成形机。尽管我国 3D 打印技术与国外相比起步较晚,但我国已有部分技术处于世界先进水平,部分国产设备达到了欧美发达国家水平。

我国快速成形制造设备制造商主要有北京殷华、北京隆源、西安恒通、武汉滨湖、南京紫金立德、湖南华署等。快速制造服务机构有中山汉信公司、西安交通大学快速制造国家工程研究中心、宁波合创公司、苏州秉创公司、杭州先临三维公司、上海美唐机电公司等,目前已有 100 多家机构。

相关研究机构有清华大学、西安交通大学、华中科技大学、北京航空航天大学、西北工业大学、北京航空制造工程研究所等。西安交通大学至今已开发出 5 个品种、11 个系列的产品。国内快速成形系统的主要科研机构如表 9-1 所示。

表 9-1　国内快速成形系统的主要科研机构

学校	研究方向	知名教授	产业化
清华大学	LOM、SLA 设备	颜永年教授	北京殷华
华中科技大学	SLS、MC 设备	史玉升教授	武汉滨湖
西安交通大学	SL 设备及材料	卢秉恒教授	西安恒通
北京航空航天大学	SLS 设备	王华明教授	中航重机激光
华南理工大学	SL 材料	杨永强教授	北京隆源
南京航空航天大学	SLS 工艺	顾冬冬教授	—
上海交通大学	RMC	王成焘教授	—

经过近二十年的研发,我国的 3D 打印设备不断取得突破,华中科技大学史玉升教授的研究团队研发的 1.2 m×1.2 m 3D 打印机(见图 9-8)是目前世界上成形空间最大的快速成形制造设备,远远超过国外同类设备的水平,获得了 2011 年国家技术发明二等奖。

西安交通大学机械制造系统工程国家重点实验室是我国最早研发 3D 打印技术的单位之一,他们研发的活体骨骼 3D 打印使多孔生物学固定表面制造的瓶颈迎刃而解,已经成为世界生物制造研究的新方向。

2001 年,西安交通大学研发团队研发了以 CT 图像为数据源的三维设计方法及基于 3D 打印的植入体定制化制造系统,并开展临床应用,有效地解决了缺损骨的宏观结构匹配与修复。

2012 年 10 月 15 日,在工信部原材料司、工信部政策法规司的支持下,亚洲制造业协会联合华中科技大学史玉升教授及其他教授与科研单位和企业共同发起成立了全球首家 3D 打印产业联盟——中国 3D 打印技术产业联盟。

中国 3D 打印技术产业联盟的成立,标志着我国从事 3D 打印技术的科研机构和企业从此改变单打独斗的不利局面,有利于我国整合行业资源,集中展示 3D 打印技术的良好形象,也便于加强与国际间的广泛交流。

图 9-8　史玉升教授和他的研究团队研发的 3D 打印机

9.2　3D 打印技术介绍及分类

在 3D 打印过程中采取了激光打印的技术,就可以称其为激光 3D 打印技术。

按照工作原理来划分,激光 3D 打印技术有很多种类型。利用激光对液态光敏树脂材料进行固化,简称光固化成形(SLA);利用激光对粉末材料进行烧结,简称选择性激光烧结成形(SLS);利用激光对粉末材料进行熔化,简称选择性激光熔化成形(SLM);利用激光对薄层材料进行切割,简称分层实体成形(LOM);将快速成形(RP)技术和激光熔覆(LC)技术相结合,简称激光直接制造(DLF)技术。

9.2.1　光固化成形(SLA)技术

1. 光固化成形(SLA)基本流程

光固化成形技术,又称立体光刻成形技术,简称 SLA(stereo lithography apparance)技术,是一种基于三维模型,以液态光敏树脂为原料,通过控制激光使光敏树脂选择性逐层固化的 3D 打印技术。

光固化成形(SLA)技术是最早发展起来的激光 3D 打印技术,也是目前研究最深入、技术最成熟、应用最广泛的 3D 打印技术之一。

光固化成形(SLA)的原理:在液槽容器中盛满液态光敏树脂,让升降工作台处于液面下一个截面层厚的高度,聚焦后的激光光束在计算机的控制下,按照截面轮廓的要求,沿液面进行扫描,使被扫描区域的光敏树脂在紫外激光光束的照射下快速固化,从而得到该截面轮廓的塑料薄片。然后,工作台下降一层薄片的高度,已固化的塑料薄片就被一层新的液态光敏树脂覆盖,以便进行第二层激光扫描固化,新固化的一层牢固地黏接在前一层上。如此重复,直到整个产品成形完毕。最后,升降工作台升出液体光敏树脂表面,即可取出工件,进行清洗和表面光洁处理。

光固化成形设备图如图 9-9 所示。

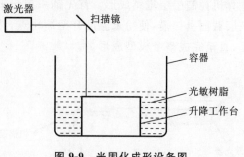

图 9-9　光固化成形设备图

2. 光固化成形(SLA)技术的主要特点

光固化成形(SLA)技术适合于制作中小型工件,能直接得到塑料产品,主要用于概念模型的原型制作,或用来做装配检验和工艺规划。它还能代替蜡模制作浇铸模具,以及作为金属喷涂模、环氧树脂模和其他软模的母模,是目前较为成熟的 3D 打印技术。

1) 光固化成形(SLA)技术的优点

(1) 成形速度较快。

(2) 系统工作相对稳定。

(3) 尺寸精度较高,可确保工件的尺寸精度在 0.1 mm 内(国内 SLA 的精度为 0.1～0.3 mm,并且存在一定的波动性)。

(4) 表面质量较好,比较适合做小件及较精细件。工件的最上层表面很光滑,可能会出现侧面有台阶不平及不同层面间的曲面不平的情况。

2) 光固化成形(SLA)技术的不足

(1) 需要专门的实验室环境,设备维护费用高昂。

(2) 成形件需要二次固化、防潮处理等工序。

(3) 光敏树脂固化后较脆、易断裂、可加工性不好,工作温度不能超过 100 ℃,成形件易吸湿膨胀,抗腐蚀能力不强。

(4) 氦镉激光管的寿命仅为 3000 h,价格较昂贵,同时,需对整个截面进行扫描固化,成形时间较长,因此制作成本相对较高。

(5) 光敏树脂对环境有污染,可能使皮肤过敏。

(6) 需要设计支撑结构,当支撑结构未完全固化时需要手工去除,手工去除容易破坏成形件。

9.2.2　选择性激光烧结成形(SLS)技术

1. 选择性激光烧结成形(SLS)基本流程

选择性激光烧结成形是一种采用激光器,并通过扫描镜,对粉末状材料进行逐层打印,来构造物体的 3D 打印技术。

选择性激光烧结成形,简称 SLS,由美国得克萨斯大学提出,并于 1992 年开发了商业成形机。

选择性激光烧结成形原理如图 9-10 所示,利用粉末材料在激光照射下会烧结的原理,由计算机控制层层堆结成形。首先铺一层粉末材料,将材料预热到接近熔化点,再使用激光在该层截面上扫描,使粉末温度升至熔化点,然后烧结形成黏块,接着不断重复铺粉、烧结的过程,直至完成整个模型成形。

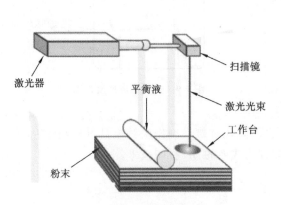

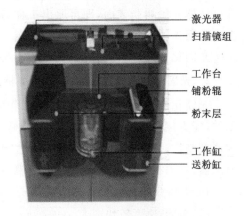

图 9-10　选择性激光烧结成形原理　　　　图 9-11　选择性激光烧结成形设备

选择性激光烧结成形设备如图 9-11 所示。在开始加工前,先将充有氮气的工作室升温,温度保持在粉末的熔点以下;加工时,送粉缸上升,铺粉辊移动,先在工作平台上铺一层粉末材料,然后激光光束在计算机的控制下,按照截面轮廓对实心部分所在的粉末进行烧结,继而形成一层固体轮廓;第一层烧结完成后,工作台下降一截面层的高度,再铺上一层粉末,进行下一层烧结;如此循环,形成三维的原型零件;最后经过 5~10 h 的冷却,即可从粉末缸中取出零件。

2. 选择性激光烧结成形(SLS)技术的主要特点

选择性激光烧结成形(SLS)技术适合中小件成形,如塑料、陶瓷或金属零件等,零件的翘曲变形比光固化成形技术的要小。但这种技术仍需对整个截面进行扫描和烧结,加上工作室需要升温和冷却,成形时间较长。此外,由于受到粉末颗粒大小及激光点的限制,零件的表面一般呈多孔性。在烧结陶瓷、金属与黏合剂的混合粉并得到原型零件后,须将它置于加热炉中,烧掉其中的黏合剂,并在孔隙中渗入填充物,后期处理复杂。

选择性激光烧结成形(SLS)适合产品设计的可视化表现和制作功能测试零件。它可采用各种不同成分的金属粉末进行烧结、渗铜等后期处理,因而其制成的产品可具有与金属零件相近的机械性能,所以可用于制作 EDM 电极、直接制造金属模以及进行小批量零件生产。

1)选择性激光烧结成形(SLS)技术的优点

(1) 可以采用多种原料,包括类工程塑料、蜡、金属、陶瓷等。

(2) 零件的构建时间较短。

(3) 无须设计支撑结构。

(4) 成品精度好、强度高,可以直接烧结金属零件,也可以间接烧结金属零件,最终成品的强度一般优于其他 3D 打印技术的。

2)选择性激光烧结成形(SLS)技术的不足

(1) 准备时间较长。在加工前,要花近 2 h 的时间将粉末加热到熔点以下,当零件成形之后,还要花 5～10 h 冷却,然后才能将零件取出。

(2) 成形件表面质量较差,表面的粗糙度受粉末颗粒大小及激光光斑的影响。

(3) 零件的表面具有多孔性,为了使表面光滑必须进行渗蜡等后期处理。后期处理中,制件尺寸的精度难以保证,且后期处理工艺复杂。

(4) 制造和维护成本非常高,普通用户无法承受,所以应用范围主要集中在高端制造领域,目前尚未有桌面级 SLS 3D 打印机开发的消息,该技术要进入普通民用领域,可能还需要一段时间。

9.2.3　选择性激光熔化成形(SLM)技术

1. 选择性激光熔化成形(SLM)基本流程

选择性激光熔化成形,简称 SLM,是利用金属粉末在激光光束的热作用下完全熔化,经冷却凝固而成形的一种技术。

选择性激光熔化成形系统如图 9-12 所示,先利用铺粉辊或刮板在工作台上均匀地铺上一层很薄的金属粉末,激光在计算机的控制下按照已经分层的三维模型的第一层信息进行选择性激光熔化,被熔化粉末冷却后固化在一起形成零件的实体部分;一层粉末熔化完成后,工作缸下降一定的高度,同时送粉缸升高相应的高度,铺粉辊重新铺设一层金属粉末,激光光束开始新一层的熔化;如此循环,直到叠加堆积成三维原型零件。

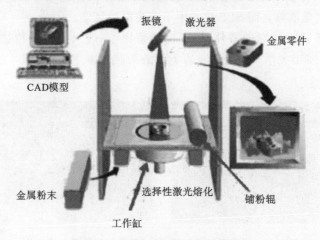

图 9-12　选择性激光熔化成形系统

选择性激光熔化成形原理如图 9-13 所示,整个加工过程在真空中或通有保护气体的加工室中进行,以避免金属在高温下与其他气体发生反应。

SLM 技术的成形原理与 SLS 技术的类似,都采用了离散堆积原理,利用激光光束扫描金属粉末,逐层叠加,形成所需要的零件。它们之间的区别如下。

(1) SLM 是完全熔化,SLS 是部分烧结。SLM 成形的过程中,粉末材料与激光相互作用发生完全熔化,形成的微小熔池扩展到前一层金属以及固化的周围金属中,在冷却过程中,熔池的液态金属结晶,形成致密的冶金结合,由此生成的模型或零件的致密度可以接近

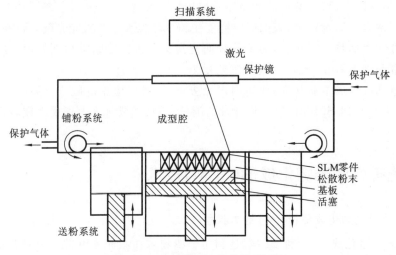

图 9-13　选择性激光熔化成形原理

100％。SLS 利用激光对粉末进行部分烧结和固化,粉末之间有一定的空隙,需要渗入树脂或蜡进行填充,提高其黏性和力学性能。

（2）相对于 SLS 技术,SLM 所采用的是高功率密度的激光光束,所成形的零件具有较高的尺寸精度和较好的表面粗糙度。

（3）对于 SLM,在整个成形过程中,需要通入一定量的保护气体以防止液态金属在结晶过程中发生氧化、氮化现象。而 SLS 技术中不需要保护气体。

（4）采用 SLM 技术成形的零件,可以直接使用,一般只需少量精加工或不加工,如图 9-14 所示的是华南理工大学 SLM 成形的免组装万向节机构。而 SLS 技术的后期处理较麻烦。

图 9-14　华南理工大学 SLM 成形的免组装万向节机构

2. 选择性激光熔化成形（SLM）技术的主要特点

1）选择性激光熔化成形（SLM）技术的优点

（1）采用高功率密度激光光束,加工的零件具有尺寸精度高（可达 ±0.1 mm）和表面粗糙度好（轮廓算术平均偏差为 30～50 μm）的特点。

（2）成形金属零件相对致密度几乎能达到 100％,机械性能优良,与锻造相当。

（3）工艺材料选择广泛,单质金属粉末、复合粉末、高熔点难熔合金粉末等都可以作为加工材料,且利用率高。由于激光光斑直径很小,因此能以较低的功率熔化高熔点金属,使得用单一成分的金属粉末来制造零件成为可能,而且可供选用的金属粉末种类也大大增多了。采用钛粉、镍基高温合金粉加工能解决在航空航天中应用广泛的、组织均匀的高温合金零件加工难的问题,还能解决生物医学上组分连续变化的梯度功能材料加工的问题。

(4) 可以方便迅速地制作出传统工艺方法难以制造甚至无法制造的复杂金属零件(如薄壁结构、封闭内腔结构、医学领域个性化需求的零件等),不需要铸造模型或锻造模具及其他工装设备。

2) 选择性激光熔化成形(SLM)技术的不足

(1) 设备昂贵,耗能高。

(2) 制造和维护成本非常高,普通用户无法承受,所以应用范围主要集中在高端制造领域,目前尚未有桌面级 SLM 3D 打印机开发的消息。

9.2.4　分层实体成形(LOM)技术

1. 分层实体成形(LOM)基本流程

分层实体成形,简称 LOM,又称叠层实体制造或薄形材料选择性切割,是利用激光器对薄层材料(主要是纸质材料)进行切割成形的一种 3D 打印技术。

由于分层实体成形技术多使用纸材,成本低廉,制件精度高,而且制造出来的木质原型具有外在的美感和一些特殊的品质,因此,这种制造方法和相关设备自问世以来,受到了较为广泛的关注。在产品概念设计可视化、装配检验、造型设计评估、熔模铸造、砂型铸造,以及快速制模等方面得到了广泛的应用。铸铁手柄 LOM 原型如图 9-15 所示。

分层实体成形机内部结构如图 9-16 所示,主要由激光器、压辊(热黏压机构)、纸料(纸料的背面涂有热熔胶,方便将当前送层与原来制作好的送层或基底黏接在一起),以及升降工作台等组成。

图 9-15　铸铁手柄 LOM 原型

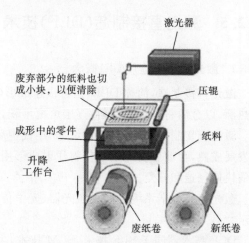

图 9-16　分层实体成形机内部结构

成形基本流程:先在升降工作台上制作基底,然后升降工作台下降到合适位置,送纸滚筒送进一个步距的纸材,升降工作台回升;压辊滚压背面涂有热熔胶的纸料,将当前送层与原来制作好的选层或基底黏接在一起,切片软件根据模型当前层面的轮廓控制激光器进行层面切割;重复之前的操作进行逐层制作,制作完毕后,再将多余废料去除,就可以得到所要的零件。

2. 分层实体成形(LOM)技术的主要特点

1)分层实体成形(LOM)技术的优点

除了具有采用层层堆积、可实现设计制造一体化等与其他 3D 打印技术共有的优点以外,分层实体还有如下优点。

(1)原型制作成本低,分层实体的原材料主要是纸材。

(2)可制作大尺寸原型。分层实体成形使用的纸基原材料有较好的黏接性能和相应的力学性能,可将超过成形设备限制范围的大工件优化分块,使每个分块制件的尺寸均保持在成形设备的成形空间之内,然后分别制造每个分块,把它们黏接在一起,合成所需大小的工件。

(3)可实现切割加工。因为原材料是纸,而纸的切割性能是比较好的,所以由纸做成的产品也可以实现切割加工,这是分层实体技术区别于其他 3D 打印技术的显著特点。

(4)无须设计支撑结构。在制作过程中,由于下层的纸料自然成为上层的支撑,所以分层实体具有自支撑性,这是其他 3D 打印技术所不具备的。

2)分层实体成形(LOM)技术的不足

(1)原材料比较单一。理论上分层实体技术可以利用任何薄层材料,但由于技术、设备等原因,目前主要的原材料是纸。

(2)因为纸的抗拉强度和弹性不好,所以工件的抗拉强度和弹性也不够好。

(3)因为纸比较容易吸湿膨胀,所以由纸制作的工件也很容易吸湿膨胀。

(4)因为分层实体是一层一层切割成形的,所以工件表面有台阶纹,需打磨。

9.2.5 激光直接制造(DLF)技术

1. 激光直接制造(DLF)概念

激光直接制造,简称 DLF,是将快速成形(RP)技术和激光熔覆(LC)技术相结合,以激光为热源,以金属粉末为原材料,逐层熔覆堆积,构造实体的一种直接制造技术。

激光直接制造技术是 20 世纪 90 年代中后期发展起来的一种先进制造技术,时至今日基本发展成熟,目前主要应用于塑料注射成形用模具的制造,以及航空、航天、武器装备领域零件的快速制造和修复。

激光直接制造系统主要由激光器、光学传输单元、送粉器,以及辅助单元组成,如图 9-17 所示。

DLF 技术不同于 SLS 技术、SLM 技术,主要表现在以下两方面。

(1)粉末添加方式。

DLF 技术:采用同轴或旁轴送粉的方式。

SLS 技术、SLM 技术:采用粉料缸中压辊铺粉的方式。

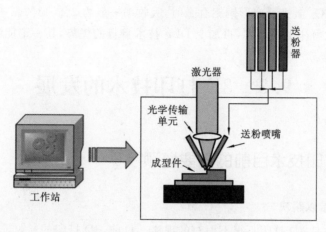

图 9-17　激光直接制造系统

（2）聚焦光斑直径。

DLF 技术：激光光束的聚焦光斑直径为毫米级（一般为零点几个毫米）。

SLS 技术、SLM 技术：激光光束的聚焦光斑直径为微米级（一般为几十个微米），制造精度高一些。

2. 激光直接制造（DLF）技术的主要特点

1）激光直接制造（DLF）技术的优点

（1）成形材料几乎不受限制，这里所说的材料为金属材料，用传统铸造、锻压，甚至机械加工等方法难以加工的材料，如钨、钛及钛铝基合金等。

（2）零件不同部位可以采用不同的化学成分进行制造，从而得到梯度功能材料或局部增强结构，实现零件材质和性能的最佳搭配。

（3）高能激光产生的快速熔化和凝固过程使激光制备材料组织致密、细小均匀、性能优越。

DLF 技术主要适用于形状复杂，对性能要求很高的金属零部件的快速制造。

2）激光直接制造（DLF）技术的不足

DLF 技术已有二十多年的发展历程，无论是在设备上，还是在材料及工艺方面都取得了显著进步，但目前仍存在下列有待解决的问题。

（1）成形效率：DLF 技术中的光学传输单元不同于其他 3D 打印技术的传输单元，采用传统硬光路，扫描效率低，成形效率也就低。而 SLS 技术、SLM 技术中采用振镜扫描，转换频率高，扫描效率高，成形效率也就高。

（2）成形精度低：在实际的加工过程中，激光功率和送粉速率等工艺参数常常是不稳定的，容易造成熔覆层宽度、厚度上的波动，导致一致性、均匀性差，也就限制了精度。

（3）粉末利用率低：在熔覆过程中，粉末存在烧损、飞溅、汽化等现象，这使得添加的粉末未全部进入熔池，因而粉末利用率较低。

（4）能量利用率低：金属材料对长波段的激光吸收率较低，随着波长的减小，吸收率有所增加，但总体上并不高，相应的能量利用率也就低。

采用长波段 CO_2 激光器成形铜铝合金时,吸收率一般为 $2\%\sim8\%$。

只要能够有效解决上述问题,再加上 DLF 技术自身的优势,其一定能够得到极大发展。

9.3　3D 打印技术的发展

9.3.1　3D 打印技术目前的主要瓶颈

1. 耗材问题难以解决

耗材的局限性是 3D 打印不得不面对的现实。目前,3D 打印的耗材非常有限,市场上的耗材多为石膏、无机粉料、光敏树脂、塑料等。如果真要打印房屋或汽车,光靠这些材料是远远不够的。耗材的缺乏,也直接关系到 3D 打印的价格。3D 打印飞机零部件,一斤某种样品的金属粉末耗材就要 4 万元,但是采用传统的工艺去工厂开模打样,只需要几千元。

2. 产品的精度不够

目前 3D 打印成形零件的精度及表面质量大多不能满足需求,这些零件不能作为功能性部件,只能做原型使用。以 Stratasys 公司的 3D 打印车为例,车子固然能打印出来,但从现有的技术来看,难以保证车辆能长期正常运行。另外,由于采用层层叠加的增材制造工艺,层和层之间的黏接再紧密,一般的激光 3D 打印产品也无法和由传统模具整体浇铸而成的产品相媲美,这意味着在一定的外力条件下,打印的部件很可能会散架。

3. 中国需整合 3D 打印产业链

一项技术的推广,如果不能构建起一个上下游结合的产业链,它的影响就是有限的。从全球范围看,中国 3D 打印技术的研发起步并不算太晚,目前在单项技术领域甚至可媲美英、美等国。例如,在航空工业的钛合金激光打印技术上,北京航空航天大学王华明教授领导的团队在研发方面就走在世界前列。

但从整体来看,我国 3D 打印机技术与国际先进的 3D 打印技术间还是有较大的差距。美国企业介入 3D 打印技术较多,研发实力较强,而中国只是几所大学在研发,没有创新力和产业链,技术研发集中在设备上,没有配套的材料和软件,各家都是单打独斗。另外,政府的支持力度也不够。在 20 世纪 90 年代中期,中国政府对 3D 打印技术大概支持了两三千万元,后来资金支持就断了,直到 2012 年才又重视起来。

9.3.2　3D 打印技术的发展前景

2012 年 4 月,英国《经济学人》认为,3D 打印技术将与其他数字化生产模式一起推动"第三次工业革命"的实现。传统制造技术是减材制造技术,3D 打印则是增材制造技术。与传统的制造技术相比,3D 打印具有加工成本低、生产周期短、节省材料等明显优势,航空航天、工业/商业、医疗等诸多领域均可应用。3D 打印应用领域分布如图 9-18 所示。有专家认为,能够最大限度地研发、应用 3D 打印技术,就意味着掌握了制造业乃至工业发展的主动权。

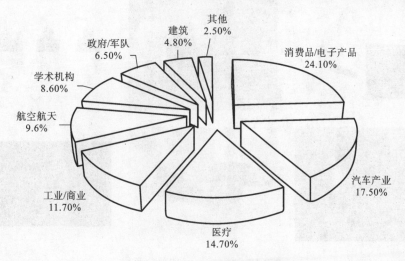

图 9-18　3D 打印应用领域分布

事实上,在美、英等国,3D 打印技术已有较为广泛的应用,大到飞行器、赛车,小到服装、手机壳,制造厂商借着 3D 打印的东风,焕发出新的生命力。由于 3D 打印产品能实现产品的自然无缝连接,从而达到传统制造方法不可及的结构稳固性和连接强度,因此其已成为国外研究空间飞行器的关键技术。据悉,美国国家航空航天局正在研究一项被称为"未来 3D 打印宇宙飞船"的技术,希望通过 3D 打印,制造出廉价的机器人宇宙飞船。

美国前总统奥巴马在 2012 年提议,投资 10 亿美元建立 15 家制造业创新研究所,以带动制造业增长。同年 8 月,美国政府宣布首个研究所将在俄亥俄州建立,主要研究 3D 打印技术,首期投资 3000 万美元。美国政府还开展了一个新项目,计划未来在 1000 所美国学校配备 3D 打印机和激光切割机等数字制造工具,以培养新一代的系统设计师和生产创新者。

2012 年 10 月,世界上最大的 3D 打印工厂 Shapeways 在纽约开业,该工厂占地 2.5 万平方米,可以容纳 50 台工业打印机,每年可按照消费者需求生产上千万件产品。Shapeways 的部分产品如图 9-19 所示。

《时代》周刊将 3D 打印产业列为"美国十大增长最快的工业"。据 Wohlers Associates 预测,2020 年其经济效益将达到 52 亿美元。随着技术成果的推广和应用,3D 打印技术产业的发展呈现出快速增长势头。

综上所述,3D 打印技术的发展趋势如下。

(1) 3D 打印技术作为一项新兴技术,目前虽然存在一些技术瓶颈,但从长远看,这项技术可以改变产品的开发和生产方式,其应用范围之广将超乎想象,最终将给人们的生活方式带来颠覆性的改变。

(2) 由于受制于材料、成本、打印速度、制造精度等多方面因素,3D 打印并不能完全取代传统的减材制造并实现大规模工业化生产。单件小批量、个性化及网络社区化生产模式,决定了未来相当长的一段时间内,3D 打印技术与传统的铸造建模技术将并存、互补。

(3) 我国在 3D 打印科研方面已经颇具实力,某些技术已经领先全球,但是在商业化和产业化方面滞后。我国已经和美国站在同一条起跑线上,中国有望成为最大的 3D 打印业

图 9-19 Shapeways 的部分产品

国家。

（4）材料、人才、商业化应用是 3D 打印技术发展和普及的关键。

9.4 桌面 3D 打印设备

9.4.1 桌面 3D 打印技术原理

桌面 3D 打印称为熔融沉积（fused deposition modeling，FDM），又称为熔丝沉积，主要采用丝状热熔性材料作为原材料，通过加热让原材料熔化，熔化后的原材料通过一个微细喷嘴的喷头挤喷出来。原材料被喷出后沉积在制作面板或者前一层已固化的材料上，温度低于熔点后开始固化，通过材料的逐层堆积，形成最终的成品。熔融沉积（FDM）打印技术原理示意图如图 9-20 所示。

9.4.2 桌面 3D 打印工艺流程

熔融沉积（FDM）技术工艺流程如图 9-21 所示。具体流程如下。

1. 获得三维数字模型

3D 打印是以数字模型为基础的，要使用 3D 打印技术就必须获得三维数字模型。目前，获得三维数字模型

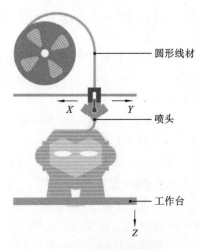

图 9-20 熔融沉积（FDM）打印技术原理示意图

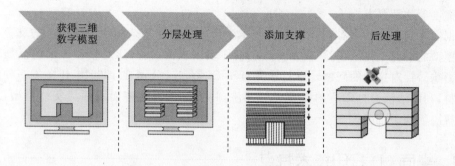

图 9-21 熔融沉积(FDM)技术工艺流程

的方式有很多种,如通过互联网下载三维数字模型、通过逆向工程重塑模型、使用软件绘制模型等。通常三维数字模型都是设计人员根据产品的要求,通过计算机辅助设计软件绘制出来的。在设计时常用到的设计软件主要有 Pro/Engineering、Solidworks、MDT、Auto-CAD、UG 等。

一般设计好的模型表面上会存在许多不规则的曲面,在进行打印之前必须对模型上的这些曲面进行近似拟合处理,目前最通用的方法是将模型转换为 STL 格式的文件进行保存,STL 格式是美国 3D Systems 公司针对 3D 打印设备设计的一种文件格式。通过使用一系列相连的小三角平面来拟合曲面,从而得到可以快速打印的近似三维模型文件。大部分常见的 CAD 设计软件都具备导出 STL 文件的功能,如 Pro/Engineering、Solidworks、MDT、AutoCAD、UG 等。

2. 分层处理

因为 3D 打印都是对模型进行分解,然后逐层按照层截面进行制造,最后循环累加而成的,所以先要将 STL 格式的三维模型进行切片,转化为 3D 打印设备可处理的层片模型。目前市场上常见的各种 3D 打印设备都自带切片处理软件,在完成基本的参数设置后,软件能够自动计算出模型的截面信息。

3. 添加支撑

在打印一些大跨度结构时,系统必须对产品添加支撑结构,否则,当上层截面相比下层截面急剧放大时,后打印的上层截面会有部分出现悬浮(或悬空)情况,从而导致截面发生部分塌陷或变形,严重影响打印模型的成形精度。所以最终打印完成的模型一般包括支撑部分和实体部分两个部分,而切片软件会根据待打印模型的外形不同,自动计算并决定是否需要为其添加支撑。

同时,支撑还有一个重要的目的是建立基础层。即在正式打印前,先在工作平台上打印一个基础层,然后再在该基础层上进行模型打印,这样既可以使打印模型底层更加平整,还可以使制作完成后的模型更容易剥离,所以进行 FDM 打印的关键一步是添加支撑,一个良好的基础层可以为整个打印过程提供一个精准的基准面,进而保证打印模型的精度和品质。

4. 后期处理

后期处理工作主要是对模型的支撑结构进行剥离、对外表面进行打磨等处理。首先需要去除实体模型的支撑结构,然后对实体模型的外表面进行打磨处理,使最终模型的精度、表面粗糙度等达到要求。

根据实际制作经验来看,利用 FDM 技术生产的模型在复杂和细微结构上的支撑很难在不影响模型的情况下完全去除,很容易出现损坏模型表面的情况,对模型表面的品质也会有不小的影响。针对这样的问题,3D 打印界巨头 Stratasys 公司在 1999 年开发了一种水溶性支撑材料,利用溶液对打印后的模型进行冲洗,将支撑材料溶解而不损坏实体模型,才得以有效地解决了这个难题。

9.4.3 桌面 3D 打印技术特点

在不同技术的 3D 打印设备中,采用 FDM 技术制造的设备一般具有机械结构简单、设计容易等特点,并且制造成本、维护成本和材料成本在各项技术中也是最低的,因此,在目前出现的所有桌面级 3D 打印机中,使用的也都是该技术。而在工业级的应用中,也存在大量采用 FDM 技术的设备,如 Stratasys 公司的 Fortus 系列。

FDM 工艺的关键技术在于热熔喷头,需要对喷头温度进行稳定且精确地控制,使得原材料从喷头挤出时既能保持一定的强度,同时又具有良好的黏结性能。此外,供打印的原材料也十分重要,其纯度、均匀性都会对最终的打印效果产生影响。

FDM 技术的优势在于制造简单、成本低廉。桌面级打印机不会在出料部分增加控制部件,可以精确地控制出料形态和成形效果。温度对于 FDM 的成形效果影响不大,桌面级 FDM 3D 打印机通常都缺乏恒温设备,导致基于 FDM 的桌面级 3D 打印机的成品精度常为 $0.1\sim0.3$ mm,只有少数高端机型能够支持 0.1 mm 以下的层厚,但是受温度的影响,最终打印效果依然不够稳定。此外,大部分 FDM 机型在打印时,边缘层容易出现由于分层沉积而产生的台阶效应,导致很难达到理想的 3D 打印效果,因此,在对精度要求较高的情况下很少采用 FDM 设备。

概括来说,FDM 技术主要有以下几个方面的优点。

(1) 热熔挤压部件的构造原理和操作都比较简单,维护起来也比较方便,并且系统运行比较安全。

(2) 制造成本、维护成本都比较低,价格非常有竞争力。

(3) 有开源项目作支持,相关资料比较容易获得。

(4) 打印过程的工序比较简单,工艺流程短,可直接打印,不需要刮板等工序。

(5) 模型的复杂度不对打印过程产生影响,可以制作具有复杂内腔、孔洞的物品。

(6) 打印过程中原材料不发生化学变化,并且打印后物品的翘曲、变形较小。

(7) 原材料的利用率高,且材料保存寿命长。

(8) 打印制作的蜡制模型,可以与传统工艺相结合,直接用于熔模铸造。

相比其他技术而言,FDM 技术有以下几方面的缺点。

(1) 成形件表面存在非常明显的台阶条纹,整体精度较低。

(2) 受材料和工艺限制,打印物品的受力强度低,特殊结构时必须添加支撑结构。

(3) 沿成形件 Z 轴方向的材料强度比较弱,不适合打印大型物品。

(4) 需按截面形状逐条进行打印,并且受惯性影响,喷头无法快速移动,打印速度较慢,打印时间较长。

9.4.4 桌面 3D 打印设备

供 FDM 打印的材料一般多为热塑性材料,如蜡、ABS 塑料、PLA 塑料、PC 塑料、尼龙等。标准打印材料一般为丝状线材,材料成本普遍较低(国产 ABS 塑料或 PLA 塑料每千克价格多在 100 元内),并且与其他使用粉末的液态材料的打印设备相比,丝材更加干净,更易于更换、保存,打印过程也不会形成粉末或液体污染。

市面上融通沉积式的 3D 打印机非常多,特别是面向普通消费者的桌面级打印机,几乎都是 FDM 打印机。MakerBot 公司的 Replicator$^+$ 系列打印机、3D Systems 公司的 Cube 打印机、Ultimaker 公司的 Ultimaker^{2+} 打印机都是采用 FDM 技术的入门级 3D 打印机(详细参数见表 9-2)。

表 9-2 典型 3D 打印机的技术参数对比

技术参数	MakerBot Replicator$^+$	3D Systems Cube	Ultimaker Ultimaker^{2+}
打印尺寸	295 mm×195 mm×165 mm	275 mm×265 mm×240 mm	230 mm×225 mm×205 mm
产品尺寸	528 mm×441 mm×410 mm	578 mm×578 mm×591 mm	357 mm×342 mm×388 mm
最小层厚	0.1 mm	0.075 mm	0.02 mm
打印材料	PLA 塑料等	PLA 塑料、ABS 塑料、尼龙等	PLA 塑料、ABS 塑料等
喷头个数	单	单、双、三	单
打印环境	开放式	环境恒温可控,平台加热	开放式,平台加热
连接功能	全彩液晶显示器、U 盘、USB 线缆、网线、WiFi	彩色触控屏、U 盘、WiFi	单彩 OLED 显示屏、USB 线缆、SD 卡
其他特性	可弯曲打印平台、移动终端控制软件、内置摄像头	同时打印 3 个颜色	喷头一分钟内加热、快速更换喷嘴

桌面 3D 打印机如图 9-22 所示,其结构图如图 9-23 所示,其主要部件功能如表 9-3 所示。

图 9-22 桌面 3D 打印机

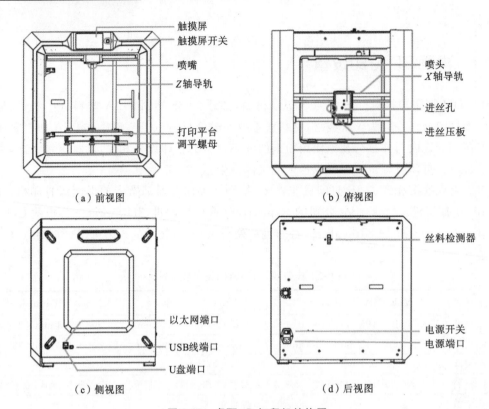

图 9-23　桌面 3D 打印机结构图

表 9-3　桌面 3D 打印机主要部件功能

名称	功能
打印平台	用于构建实体模型的部分
调平螺母	平台支架下的三颗调平螺母,用于调节打印平台与喷嘴的间距
喷头	内含齿轮传送结构,将耗材从进丝孔导入、加热,再从喷嘴挤出
喷嘴	构成喷头的最下部的黄铜色金属结构,经过喷头加热的耗材从该处挤出
喷头风扇	喷头风扇用于降低喷头运作时的温度及加速耗材的凝固
进丝孔	耗材进入喷头的入口,位于喷头顶部

选择桌面 3D 打印设备,主要是根据技术参数寻找合适的设备。表 9-4 为某款桌面 3D 打印机的技术参数。

表 9-4　某款桌面 3D 打印机的技术参数

名称	参数
喷头个数	1
技术基础	熔丝沉积（FDM）
屏幕	5 英寸彩色 IPS 触摸屏
打印尺寸	280 mm×250 mm×300 mm
层厚	0.05～0.4 mm
打印精度	±0.2 mm
打印环境	封闭式,平台加热
定位精度	Z 轴:0.0025 mm;X 轴、Y 轴:0.011 mm
耗材直径	(1.75±0.07) mm
喷头直径	0.4 mm
打印速度	10～200 mm/s
软件名称	FlashPrint、兼容 Simplify3D
支持格式	输入:3MF/STL/OBJ/FPP/BMP/PNG/JPG/JPEG 文件; 输出:GX/G 文件
操作系统	Win xp/Vista/7/8/10、Mac OS、Linux
打印机尺寸	490 mm×550 mm×560 mm
净重	30 kg
输入参数	Input:100～240 V AC,47～63 Hz;功率:500 W
数据传输	USB、U 盘、WiFi、以太网、Polar3D 云打印
特色功能	断电续打、丝材检测、完成自动关机

桌面 3D 打印样品如图 9-24 所示。

图 9-24　桌面 3D 打印样品

10

其他先进激光加工设备

10.1 激光抛光

10.1.1 激光抛光技术简介

激光抛光技术是一种新型激光表面处理技术。它利用高能激光照射工件表面,工件表面会在很短的时间内积累大量的热,使材料表面的温度迅速升高。当温度达到材料的熔点时,近表面物质开始熔化,当温度达到材料的沸点时,近表面物质开始蒸发,而机体的温度基本保持在室温。

激光抛光设备是随着激光技术的发展而出现的一种新型材料表面处理设备,它用具有一定能量密度和波长的激光光束辐照特定工件,使其表面一薄层物质熔化、蒸发,从而获得光滑表面。该设备不需要任何机械研磨剂和抛光工具,可以抛光用传统方法难以加工的表面,并且很容易实现自动加工。

激光抛光可以去除表面划痕并延长部件的使用寿命,得到了广泛的应用。激光抛光过程中会加热材料,直至材料局部熔化,使材料具有流动性,最终使其表面平滑。与激光清洗一样,激光抛光可以在 2D 和 3D 表面上实现自动化,是一种非接触式的无应力工艺,不会因为磨蚀或受化学物质影响造成部件污染。金属表面激光抛光效果图如图 10-1 所示。

由于激光抛光需要专用的激光设备,投资较高,所以激光抛光的使用率比较低,目前只用于特殊场合(应用其他传统抛光方法无法获得满意结果的场合)。金刚石薄膜具有优异的机

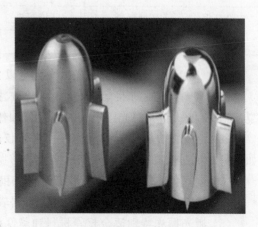

图 10-1 金属表面激光抛光效果图

械性能、摩擦学性能、热传导性及光学透明性,在机械、电子、光学等领域的应用十分广泛。图 10-2 所示的是深圳信息职业技术学院研制的五轴双光速激光抛光样品及对其粗糙度的测量,在当前实验条件下,连续激光可以大幅度降低原始表面的粗糙度。连续激光平顶光束的光斑能量密度分布越均匀,抛光效果越佳。借助脉冲激光,可以进一步将连续激光抛光后的表面粗糙度,再次降低 Ra0.1 μm 左右,与此同时,表面光泽度获得极大提高。脉冲激光平顶光束的光斑能量密度越均匀,获得镜面抛光的效果就越显著。在相同条件下,平面的抛光效果优于曲面的。

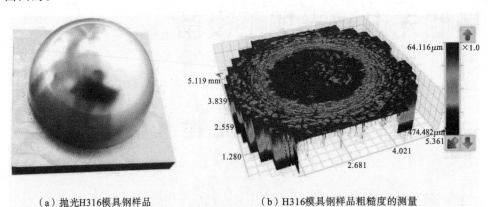

（a）抛光H316模具钢样品　　　　（b）H316模具钢样品粗糙度的测量

图 10-2　五轴双光速激光抛光样品及对其粗糙度的测量

目前主要抛光方法的对比如表 10-1 所示。

表 10-1　主要抛光方法对比

抛光方法	机械抛光	流体抛光	化学抛光	超声波抛光	激光抛光
抛光方式	切割,打磨	带磨粒液体	化学液体	震荡,磨削	激光
工件损伤	有	有	有	无	无
抛光效率	低	中	中	中	高
抛光精度	不可控,精度一般	精度一般	不可控,精度差	精度一般	可控,精度高
安全环保	环境污染	环境污染	化学污染	环境污染	无污染
成本耗材	砂纸,石油等	金刚砂	各类化学物质	磨料悬浮液	只需供电

从表 10-1 中可以看出,激光抛光具有以下特点。

（1）激光抛光是非接触式抛光。接触式抛光在样品上施加了外力,样品在外力下容易破裂,而非接触激光抛光则不会对样品施加任何压力。

（2）激光抛光有很高的灵活性。它不仅能对平面进行抛光,还能对各种曲面进行抛光。如果是对称曲面,抛光效果更好。激光能够抛光的面形有平面、球面、椭球面、抛物面等。

（3）激光抛光样品时,不需要其他的辅助药剂,所以对环境没有污染。

（4）激光抛光可以实现精密抛光。材料表面经激光抛光后可达到纳米级,甚至亚纳米级。

（5）激光抛光特别适合超硬材料和脆性材料抛光后的精抛光。

（6）激光抛光可实现微细抛光,对选定的微小区域进行局部抛光。

（7）激光抛光需要的工作环境比较简单，一般室温即可，不需要特殊的工作环境。

现代制造业的发展，对表面精密加工提出了更高的要求。而作为制造加工业的重要技术——抛光技术，不仅影响着产品的使用性能，而且影响着产品的档次。随着产品结构设计的复杂化和产品组合形式的多样化，抛光技术的应用也越来越显著。这是抛光技术发展扩大化的体现。微纳米科技和精密制造的发展，尤其是非硅微机械加工，也离不开对抛光工艺的研究。

在宏观领域适用的传统抛光手段（主要是机械抛光），由于实现方式的单一化，很难扩展到微观领域。其他的特种抛光技术，如流体抛光、化学抛光等，在处理微元器件表面时，要做到仅对微米范围内成形的微结构抛光，而对其他部位没有影响，比较困难。激光抛光作为一种非接触性式的抛光技术，自然成了微结构抛光的重要技术。

10.1.2　激光抛光的原理

本质上，激光抛光同样离不开激光与材料表面的相互作用，它遵从激光与材料作用的普遍规律。激光与材料的相互作用主要有热作用和光化学作用。根据激光与材料的作用机理，可以把激光抛光简单地分为热抛光和冷抛光。

热抛光一般采用连续的、长波长的激光，主要采用激光源为 $\lambda=1.06~\mu m$ 的 YAG 激光器或 $\lambda=10.6~\mu m$ 的 CO_2 激光器。当激光光束照射在材料表面时，近表面区域会在很短的时间内累积大量的热，使材料表面温度迅速上升，通过熔化、蒸发等过程去除表面材料，以达到抛光的目的。在这个过程中，基体的温度保持在室温。由于存在热效应，激光抛光的温度梯度大，产生的热应力大，容易产生裂纹，所以对抛光时间的控制十分重要。采用热抛光的效果不是很好，激光达到的光洁度不是很高。

冷抛光一般用脉冲短、波长短的激光，主要用紫外准分子激光器或飞秒脉冲激光器。飞秒激光器有很窄的脉冲宽度，它和材料作用时几乎不产生热效应。准分子激光波长短，属于紫外和深紫外光波普段，有很强的脉冲能量和光子能量、很高的脉冲重复频率、很窄的脉冲宽度。大多数的金属和非金属材料对紫外光有强烈的吸收作用。冷抛光主要起消融作用，即光化学分解作用，作用的机理是单光子吸收或多光子吸收，材料吸收光子后，材料中的化学键被打断或者晶格结构被破坏，材料中的成分被剥离。在冷抛光过程中，热效应可以被忽略，热应力很小，不产生裂纹，不影响周围材料，材料去除量比较容易控制，这些特点使激光冷抛光在微细抛光、超硬材料抛光、脆性材料抛光和高分子材料抛光等方面具有无法比拟的优越性。

10.1.3　激光抛光设备的主要构成

激光抛光设备一般包括激光器、光束均匀器、面形检测反馈系统、三维工作台、计算机控制系统等几个部分。激光抛光通常采用两种方式工作：一种是激光光束固定不动，工作台带动工件移动；另一种是工作台和工件不动，激光光束根据要求移动。用连续激光抛光时，激光作用在材料表面，检测设备跟踪检测，实时反馈、控制激光在每一个微小部分的工作时间

（或扫描速度）或控制变焦、聚焦系统来改变激光的功率密度。用脉冲激光抛光时,激光作用在材料表面,检测设备跟踪检测,实时反馈控制每一个微小部分作用的脉冲个数或者控制变焦、聚焦系统来改变激光的能量密度。在激光抛光过程中,检测技术和实时反馈控制技术是关键,在很大程度上决定了抛光的表面质量。

金属表面激光抛光设备如图 10-3 所示。

（a）机器人抛光机 （b）平面激光抛光机

图 10-3 金属表面激光抛光设备

激光光束的波长、能量密度、脉冲次数、偏振状态、入射方向,以及使用的气流和被抛光物体的材料等,都对激光抛光效果有重要的影响。对于不同的材料需要选择合理的抛光工艺才能获得理想的清洗效果。

典型激光抛光案例分析如表 10-2 所示。

表 10-2 典型激光抛光案例分析

案例	影响因素	注解
纳秒脉冲激光对 316L 不锈钢抛光	不同的材料和不同的表面形貌对应的最佳激光抛光效果的工艺参数不一样。在所有参数中,激光抛光能量密度阈值是影响激光抛光效果的重要因素之一	在激光光源和金属材料的能量密度阈值确定的情况下,存在最佳抛光效果的激光能量参数。虽然激光能量密度和表面上的光斑大小之间有直接的相关性,但是在实际激光抛光过程中,这两个参数不能随时变化
紫外激光对蓝宝石抛光	通过用波长为 355 nm 的紫外激光对蓝宝石进行抛光,利用激光共聚焦扫描仪测量抛光后的表面粗糙度,并结合对抛光前后蓝宝石表面微观形貌特征的观测,研究紫外激光光束扫描速度、激光能量密度、激光重复频率、激光光束入射角、激光扫描方式等工艺参数对蓝宝石表面粗糙度的影响规律	紫外激光对蓝宝石抛光的过程是光化学作用和热作用的结果,抛光过程不仅与蓝宝石的表面状况和性质有关,还与激光光束扫描速度、激光能量密度、激光重复频率、激光光束入射角、激光扫描方式等因素相关

10.2 激光清洗

1969 年,美国加州大学伯克利分校空间科学实验室和核能工程系的 S. M. Beadair 和

Harold P. Smith，JR. 首次提出激光清洗（Laser cleaning）的概念。针对这种创新型清洗技术的研究和应用是从 20 世纪 90 年代开始逐步扩大的。在过去 20 多年的时间里，国内外均有关于激光清洗技术的报道，激光清洗在近几年迅速成为工业制造领域的研究热点，研究内容主要涵盖激光清洗工艺、理论、装备以及应用。国内在激光清洗装备和应用方面的整体水平与国外的差距较大。

激光清洗技术具有绿色环保、清洗效果佳、应用范围广、精度高和可控性好等突出优点，未来有望部分或完全替代传统清洗方法，成为 21 世纪最具发展潜力的绿色清洗技术。在高端制造业，工业制品在电镀、磷化、喷涂、焊接以及装配时，为保证工件的质量，必须除去产品表面的污垢、油脂、灰尘、铁锈等污染物，目前最常用的表面清洗方式是机械清洗和化学清洗。随着我国环境保护法规的要求越来越严格，以及产品不断向精密化、高端化发展，传统的清洗方法已经无法满足产品表面高清洁度、高效率、低成本、高环保的清洗要求。为满足高端制造业越来越高的表面清洗要求，激光清洗技术应运而生，激光清洗技术具有无作用力、无化学反应、无热效应和适用于各种材质等清洗特点，被认为是最可靠、最有效的清洗技术。激光清洗设备及激光清洗样品如图 10-4 所示。

 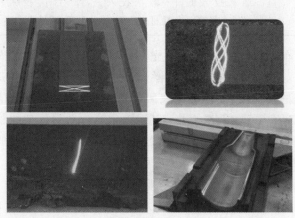

（a）激光清洗设备　　　　　　　　　（b）激光清洗样品

图 10-4　激光清洗设备及激光清洗样品

10.2.1　激光清洗分类及特点

主要清洗方法对比如表 10-3 所示。

表 10-3　主要清洗方法对比

清洗方法	化学清洗	机械打磨清洗	干冰清洗	超声波清洗	激光清洗
清洗方式	化学清洗剂	机械/砂纸，接触式	干冰，非接触式	清洗剂，接触式	激光，非接触式
工件损伤	有损伤	有损伤	无损伤	无损伤	无损伤
清洗效率	低	低	中	中	高

续表

清洗方法	化学清洗	机械打磨清洗	干冰清洗	超声波清洗	激光清洗
清洗效果	一般,不均匀	一般,不均匀	好,不均匀	好,洁净范围小	非常好,洁净度高
清洗精度	不可控,精度差	不可控,精度一般	不可控,精度好	不可控,精度好	精准可控,精度高
安全/环保	化学污染严重	有污染	无污染	无污染	无污染
操作工序	工序复杂,对操作人员要求高,需安全防护措施	工作强度高,需安全防护措施	操作简单,手持或自动化	操作简单,但需人工添加耗材	操作简单,手持或集成自动化
耗材	化学清洗剂	砂纸、砂轮、油石等	干冰	专用清洗液	只需供电
成本投入	首次投入低,耗材成本极高	首次投入高,耗材成本高	首次投入中等,耗材成本高	首次投入低,耗材成本中等	首次投入高,无耗材,维护成本低

目前,激光清洗主要分激光干式清洗和激光湿式清洗两种类型。激光干式清洗采用方向性好、亮度高的连续或脉冲激光,通过准直透镜和聚焦透镜后形成具有特定光斑形状与能量分布的激光光束,激光光束照射到需要清洗的材料位置上,其上的污染物吸收激光能量后,会产生振动、熔化、燃烧,甚至汽化等一系列复杂的物理、化学变化,并最终脱离材料表面,同时材料本身不会损坏。激光湿式清洗是在待清洗的材料或基片表面上吸附一层液体介质膜,然后利用激光辐射去除吸附在表面上的污垢。

具体的激光清洗方法可按如下分类。

(1) 激光干洗:通过脉冲激光作用,直接去除污垢。

(2) 激光+液膜:在材质表面沉积一薄层液膜,激光辐射时,高温使液膜瞬间爆炸。

(3) 激光+惰性气体:用激光辐射去除的污物会产生沉积,此时用惰性气体吹向基体表面,使污物从表面剥离后立即被气体吹走,避免再次污染。

(4) 激光辐射使材质表面的污垢松散,接着需通过非腐蚀性化学方法将材料清洗干净。

目前,前三种方法的应用及相关实验较多,其中激光+液膜方法的应用最为广泛;第四种仅见于石制文物的清洗中。

与化学清洗、机械打磨清洗、干冰清洗、超声波清洗等相比,激光清洗具有以下优点。

(1) 激光清洗不会造成环境污染,清洁度远高于普通清洗。

(2) 能有效清洗其他方法难以去除的亚微米粒子。

(3) 可以实现不损伤材质表面的复旧如新的清洗。

(4) 能清洗的材质范围广。

(5) 清洗系统可长期稳定使用。

(6) 可柔性化清洗。

(7) 可在大气中进行清洗。

10.2.2 激光清洗的原理

激光清洗是一种新型激光表面处理技术。它利用高能激光照射工件表面,使表面污垢、锈斑或涂层发生瞬间蒸发或剥离,高速有效地清除工件表面附着物或表面涂层。它与传统的化学清洗、机械打磨清洗、干冰清洗、超声波清洗相比,具有独特的优越性,所以它在许多应用领域不可被替代。

由于激光清洗需要专用的激光设备,投资较高,在很多场合激光清洗效率较低,因此,激光清洗目前只用于特殊场合,即利用其他传统清洗方法无法获得满意效果的场合,主要包括激光清洗物体表面的微粒、激光脱漆、激光除锈和去氧化皮、激光去油脱脂、激光清洗微电子器件等。

激光光束的波长、能量密度、脉冲次数、偏振状态、入射方向,以及被清洗物体的材料和污染物的性质、大小等,都对激光清洗效果有重要的影响。对于不同的污染物和不同的基材需要选择合理的清洗工艺参数才能获得理想的清洗效果。

激光清洗的基础:激光清洗的过程实际上是激光与物质相互作用的过程,它在很大程度上取决于污染物在基体表面上的附着方式,即结合力的大小,因此,了解污染物与基体表面基本的相互作用对研究激光清洗是十分重要的。污染物在基体表面附着所受的三种基本力为范德华力、双电层力和毛细力,如图 10-5 所示。

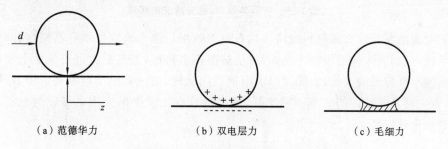

（a）范德华力　　　　（b）双电层力　　　　（c）毛细力

图 10-5　污染物在基体表面附着所受的三种基本力

范德华力是微米级污染物的主要附着力,它是由一个物体中的瞬时偶极矩和另一个物体中的偶极矩间的相互作用造成的。

这些附着力比重力大几个数量级,且都与粒子直径 d 有关。附着力随着粒子直径减小呈现很慢的线性衰减。根据牛顿定律 $F = ma$,而粒子质量 m 与 d^3 成正比,所以当一个粒子附着于基体表面后,它的尺寸越小,清除它所需的加速度就越大,对常规的清洗技术而言也就越困难。

激光清洗的主要目的有以下两方面。

（1）汽化污垢,清洁表面。根据不同的污垢选择不同的激光辐射功率密度,激光清洗与表面改性的激光功率密度相当。由于激光清洗属于加工范畴,因此,在停止激光照射后,材料的表面部位需要经过冷却过程。

（2）激光表面改性。在激光清洗的过程中,激光的热作用可使金属表面发生硬化或退火与淬火,可以改善材料的表面性质,提高金属的硬度和耐蚀能力。利用这种方法对材料改性时,可使材料的表面硬度及耐磨、耐蚀和耐高温性能等得到改造,但不影响材料内部原有的韧性。激光清洗时,可以根据材料表面性能改造的要求,确定激光表面性能的加工内容。

激光清洗过程中的基本动力学过程:物质吸收入射光能量后,产生瞬间态超热,温度骤然升高,虽然这个温度不足以使基体表面蒸发(否则就会造成表面损伤),但基体表面热膨胀会产生很大的加速度,使吸附的微粒被喷射出去。

当光能完全被液体膜所吸收时,上述的爆炸性蒸发和瞬态冲击力产生于液膜上部,由于吸附微粒在液体膜的下部,吸附粒子所受到的作用力大大降低,因此会造成清洗效果变差和清洗效率变低。有液体膜时,激光清洗的机理如图10-6所示。

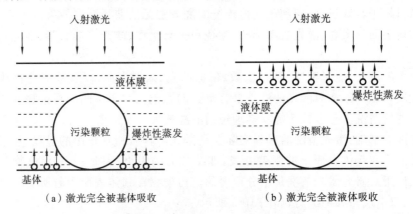

图 10-6 有液体膜时,激光清洗的机理

激光对类金属和非金属材料的清洗均有显著效果。激光清洗技术有高精度、高效率、绿色环保等优点,近两年发展很快。例如,清洗城市街道路面,尤其是大理石地面上的口香糖;清洗如丝绸一样脆弱的文物;去除深海下面钢筋的锈迹;清洗微电子电路板。随着科学技术的发展,激光器及其硬件的成本不断下降,激光清洗在工业中的应用也将成为现实,其应用范围也会越来越广泛。

10.2.3 影响激光清洗质量的因素

通常简单地定义激光清洗后去除的微粒数量与清洗前的微粒数量的比值为清洗的洁净度,它与激光波长、功率密度、脉冲宽度、扫描速度与次数、离焦量等参数都有一定的关系。

1. 激光波长的影响

激光清洗的前提是激光吸收,因此,在选择激光光源时,首先要结合清洗工件的吸收特性,选择适合波段的激光器作为激光光源。此外,实验研究表明,清洗相同特性的污染物微粒,波长越短,清洗的阈值越低,激光的清洗能力越强。由此可见,在满足材料的吸收特性的前提下,为了提高清洗的效果和效率,应该选择波长更短的激光作为清洗光源。

2. 功率密度的影响

在进行激光清洗时,激光的功率密度存在一个上限损伤阈值与下限损伤阈值。在此范围内,激光功率密度越大,清洗能力就越大,清洗的效果就越明显。因此在不损伤基底材料的情况下,应尽可能地提高激光功率密度。

3. 脉冲宽度的影响

激光清洗的光源可以是连续光也可以是脉冲光,脉冲的宽度覆盖了毫秒、微秒及纳秒。脉冲激光可以提供很高的峰值功率,能轻易地满足阈值的要求。研究发现,在清洗过程中对基底造成的热效应方面,脉冲激光的影响更小,连续激光造成的热影响区域更大。

4. 扫描速度与次数的影响

在激光清洗中,激光扫描速度越快,扫描次数越多,激光的清洗效率越高,但是有可能会造成清洗效果变差。因此在实际的清洗过程中,应该根据清洗工件的材料特性以及污染情况,选择适当的扫描速度和扫描次数。

5. 离焦量的影响

在激光清洗前,激光大都经过一定的组合聚焦透镜进行会聚。在实际的激光清洗过程中,一般都是在离焦的情况下进行的,离焦量越大,照在材料上的光斑越大,扫描的面积越大,效率越高。而在总功率一定时,离焦量越小,激光的功率密度越大,清洗的能力越强。常用的聚焦方式有两种:一种是采用普通的圆透镜,将激光聚焦成点;另外一种是采用柱透镜将光束整合成线型,这样能在一定程度上减少激光对基底的影响,提高清洗效率。

10.2.4 激光清洗设备

激光从激光器发出,经过光学系统传输,再经透镜聚焦到基体表面,由控制器控制激光能量、脉冲频率、作用时间以及工件的移动,由监视测试系统远距离对清洗效果进行实时监测。图 10-7 所示的激光清洗装置是针对较小的清洗部件的,移动工作台可实现对部件上不同区域的清洗。对于大的笨重物件或定型的不能移动的大结构物件的激光清洗(如除锈等),可通过激光光束逐点平移和小角度往复偏转,在较远距离的待清洗物件上形成激光扫描来实现。

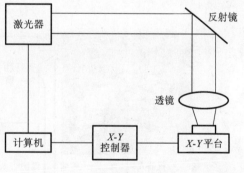

图 10-7　激光清洗装置

在激光设备的发展和应用方面,现有的成熟的清洗设备对不同工况的适应性强,可以完成复杂曲面的精确位置的清洗任务。激光清洗设备分为激光器系统和清洗头系统两大部分。清洗头通常为手持式,成套激光清洗设备如图 10-8 所示。

大族的激光清洗机及清洗样品如图 10-9 所示。

1. IPG YRL-4000 光纤激光清洗设备

IPG YRL-4000 光纤激光清洗设备中所使用的激光器为高效节能的 IPG YRL-4000 型光纤激光器,搭载德国进口机械臂和激光清洗头,主要通过计算机系统的控制柜对各个辅助部件进行统一连接控制。IPG YRL-4000 光纤激光清洗设备如图 10-10 所示,其主要参数如表 10-4 所示。

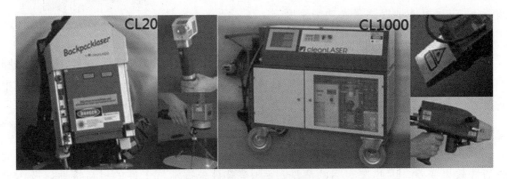

图 10-8　成套激光清洗设备

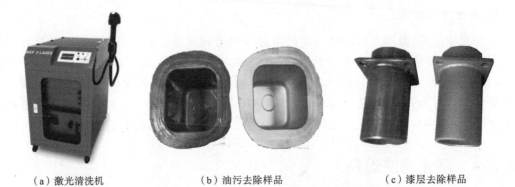

（a）激光清洗机　　　　　（b）油污去除样品　　　　　（c）漆层去除样品

图 10-9　大族的激光清洗机及激光清洗样品

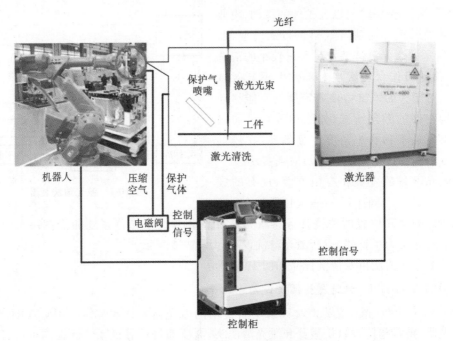

图 10-10　IPG YRL-4000 光纤激光清洗设备

表 10-4　IPG YRL-4000 光纤激光清洗设备主要参数

参数	数值
最大输出功率	4 kW
激光波长	1070 nm
机器人最大承载	60 kg
重复定位精度	0.07 mm

2. 100W 半导体激光清洗设备

100W 半导体激光清洗设备使用的激光器为半导体激光器(半导体激光器成本低、体积小、激光光束质量好),所用的准直透镜的效率为 90% 以上,采用 X 轴、Y 轴二维联动运动系统搭载激光清洗头。100W 半导体激光清洗设备、激光器及其电源如图 10-11 所示,其主要参数如表 10-5 所示。

（a）100W 半导体激光清洗设备

（b）激光器

（c）激光器电源

图 10-11　100W 半导体激光清洗设备、激光器及其电源

表 10-5　100 W 半导体激光清洗设备主要参数

参数	数值
最大输出功率	100 W
激光波长	915 nm
最大速度	120 mm/min
重复定位精度	10～15 μm

3. 20W 脉冲激光清洗设备

20 W 脉冲激光清洗设备使用小功率脉冲光纤激光器,在泵浦光的作用下,在光纤内极易形成高功率密度,激光的高能量作用于工件表面,可使工件表面瞬间汽化,并按预定的轨迹,清洗出具有一定深度的平面。该脉冲激光的峰值功率可以达到很高,具有很强的瞬间清洗力,适用于结合力大但污染层较薄的激光清洗。该设备采用的光纤激光器内置风冷系统,无须水冷,此外,还搭载高速振镜扫描系统,激光光束质量好,寿命长,性能稳定,免维护,可广泛应用于激光清洗领域。20W 脉冲激光清洗设备如图 10-12 所示,其主要参数如表 10-6 所示。

图 10-12　20W 脉冲激光清洗设备

表 10-6　20W 脉冲激光清洗设备主要参数

参数	数值
最大输出功率	20W
最高峰值功率	1×10^6 W
激光波长	1064 nm
最大速度	3000 mm/s
聚焦透镜焦距	160 mm
重复定位精度	0.02 mm

4. 500W 光纤激光清洗设备

500W 光纤激光清洗设备可以输出较高功率的激光,并且可以产生截断式脉冲激光。激光光束采用光纤传输,通过准直镜进行准直,保证了激光光束质量,激光光束通过光路调整系统后,光斑直径可以达到极细,因此,热输入和功率密度都可以达到很高,清洗力很强。清洗过程可以选配氩气保护,有效地防止清洗表面的氧化。该设备采用的光纤激光器搭载高速振镜扫描系统,激光光束质量好,可以长期使用,性能稳定,基本不需要维护,可以适应不同污染物、不同基材的激光清洗要求。500W光纤激光清洗设备如图10-13所示，其主要参数如表10-7所示。

图10-13   500W光纤激光清洗设备

表10-7   500W光纤激光清洗设备主要参数

参数	数值
最大输出功率	500W
激光波长	1080 nm
最大速度	3000 mm/s
清洗范围	230 mm×230 mm
聚焦透镜焦距	330 mm
重复定位精度	0.02 mm

10.3   激光内雕

10.3.1   激光内雕的应用

在水晶礼品的柜台前，经常看到一些内部雕刻有一些图案的玻璃、水晶工艺品，欣赏着这些璀璨夺目、晶莹剔透的水晶制品，很多人纳闷，这些图案是怎么雕刻进去的呢？

激光内雕技术是将脉冲强激光在透明体内部聚焦，产生微米量级大小的汽化微裂纹，借助计算机控制微裂纹在玻璃体内的空间位置，使这些微裂纹三维排列而构成立体图像。

激光雕刻是涉及光学、机械、电子、自动控制及计算机等多门学科的激光加工技术，由于激光光束能量及激光光束位置可以得到十分精确地控制，因此可以在不同的材料上取得不同的雕刻效果,尤其是在需要雕刻的物体很小或有着复杂的形状时,或在脆性的元件上进行十分精致的雕刻时,激光雕刻就变为了一种极受欢迎的雕刻方法。激光雕刻可以使产品更为个性化,其也是经济性最好的雕刻方式,所以激光雕刻应用的范围越来越广泛。

激光内雕是在水晶、玻璃等透明材料内雕刻平面或三维立体图案,可雕刻 2D/3D 人像、人名、手脚印、奖杯等,也可批量生产 2D/3D 动物、植物、建筑、车、船、飞机等模型产品和进行3D 场景展示,如图 10-14 所示的为激光内雕水晶。

图 10-14 激光内雕水晶

传统的产品开发采用正向设计的方式完成,存在生产周期长,市场响应速度慢的问题,在很大程度上限制了新产品的开发速度。随着数字化制造技术,特别是现代测量技术的发展,自 20 世纪 90 年代以来,逆向工程技术作为一种先进的设计方法逐渐被引入到新产品的设计开发工作中,以避开艰苦的原始设计阶段,这是一种产品的再设计和超越过程,大大缩短了产品的开发周期,提高了产品在行业中的竞争地位,因此,逆向工程技术成为新产品开发过程中的一项重要技术手段,在汽车、工艺品、模具等行业应用广泛。

随着激光技术的应用和发展,利用激光内雕工艺制作的各类玻璃、水晶工艺品具有高贵典雅的艺术魅力,传统工艺无法实现。鉴于正向设计复杂模型的难度高,采用逆向的方法进行激光内雕作品设计,有助于提高激光内雕作品的生产效率。

激光内雕需要将挖土机模型进行点云化处理或者使其适宜点云化处理的格式要求才可以进行后续加工。尽管在逆向处理过程中,采用逆向扫描的方法获取的实物三维点云数据,可以直接用于激光内雕,但是由于数据存在杂点、数据不平滑、部分表面存在缺陷等,点云分布不均,不能将其直接用于激光内雕,必须借助逆向软件强大的模型重构功能进行优化,因此,基于逆向工程技术的基本原理,结合激光内雕机特殊的点云格式要求,可在 Geomagic studio 软件环境下进行产品的逆向设计。

将水晶放入工作台并进行定位,设置好激光内雕机加工参数,将 .clo 格式的文件导入Lasercontrol 2007 激光内雕机控制软件中,执行雕刻命令就可以进行作品加工。激光内雕前后的挖土机模型如图 10-15 所示,加工后的水晶模型,视觉效果较好,达到了预期目标。

（a）挖土机模型

（b）激光内雕后的挖土机模型

图 10-15 激光内雕前后的挖土机模型

10.3.2 激光内雕的发展

激光内雕是对水晶等玻璃制品表面及体内的文字、图形、图像的雕刻。其制作的各类水晶玻璃工艺品具有晶莹剔透、精美逼真的视觉形象，浸透出高贵典雅的艺术魅力。

作为新一代的工艺技术，激光内雕经历了如下发展阶段。

（1）内雕机是灯泵式白光机，内雕行业所谓的白光就是肉眼看不见的 1064 nm 的红外光，这个波长的光能够用于内雕，但激光光斑过于粗大使内雕的效果比较粗糙，因此图案的分辨率不高。

（2）经研究发现，1064 nm 红外光的倍频光（532 nm 绿光）在雕刻效果方面优于白光机，而且 532 nm 的绿光在可见光范围内易于调节，只是多一个倍频晶体而已，因此，在很短的时间内绿光机取代了白光机，进入了内雕加工工业。

（3）随着半导体激光器的发展和应用，与灯泵机相比，半导体泵浦激光内雕机的优势越来越明显，具体体现如下。

① 半导体泵浦激光内雕机耗材少，调节简单。

② 灯泵机速度慢，普通的灯泵机能量低，频率只能达到 200 Hz 左右，要达到较高频率，只能提高灯的功率，但这会导致散热不足，而半导体激光器的激光转换效率高，能量高，频率能够达到几千赫兹。

（4）现阶段应用在激光内雕行业的半导体激光器主要分为电光调 Q 激光器和声光调 Q 激光器。

① 电光调 Q 激光器：由于其脉宽窄，峰值功率高，每个脉冲都会达到水晶的爆炸点，因此一般的玻璃（钢化玻璃除外）都能打进去，主要应用于水晶内雕行业。但在高频条件下电光调 Q 激光器不够稳定，其频率一般不超过 1000 Hz。

② 声光调 Q 激光器：峰值功率不高，若水晶有杂质就可能导致峰值功率达不到爆炸点而漏点，就算加工纯度非常高的水晶，激光器的出光功率也不可能是百分之百稳定的，必然会产生波动，功率较低的时候也可能打不出点，但其能在高频下稳定工作，通常 3000 Hz 以上的内雕机都是用声光调 Q 激光器。

10.3.3　激光内雕的原理

激光与普通光明显不同的是激光仅在最初极短的时间内依赖于自发辐射,此后的过程完全由激光辐射决定,因此,激光具有非常纯正的颜色,几乎无发散。激光内雕机的激光具有极高的发光强度,同时又具有高相干性、高强度性、高方向性,激光通过激光器产生后由反射镜传递,并通过聚集镜照射到加工物品上,使加工物品(表面)受到强大的热能,温度急剧增加,使表面因高温而迅速融化或汽化,配合激光头的运行轨迹可达到加工的目的。

激光内雕的原理是光的干涉现象。两束激光从不同的角度射入透明物体(如玻璃、水晶等),准确地交汇在一个点上,由于两束激光在交点上发生干涉和抵消,能量由光能转换为内能,因此会放出大量热量,将该点融化形成微小的空洞。由机器准确地控制两束激光在不同位置上交汇,制造出大量微小的空洞,最后这些空洞就可形成所需要的图案,这就是激光内雕的原理。

激光雕刻形式多样,但基本原理是相同的。激光光束经过导光聚焦系统后射向被雕刻的材料,利用激光和材料的相互作用,将材料的指定范围除去,而在未被激光光束照射到的地方,材料保持原样。通过控制激光的开光、激光脉冲的能量、激光光斑的大小、光斑运动的轨迹和光斑运动的速度,就可以使材料表面留下有规律的且具有一定深度、尺寸和形状的凹点和凸点,这些凹凸点的组合就是所要雕刻的立体图案。激光雕刻的实现主要利用激光光束在材料表面的三种效应,如表 10-8 所示。

表 10-8　激光雕刻的实现利用的三种效应

效应	过程及效果
熔蚀效应	激光光束照射到材料表面后,材料吸收激光光束的能量并向内层传导,熔蚀就是利用激光光束的高能量来打断材料的化学键;当断键破坏程度超过一定阈值时,材料表层便会有两种变化:一种是表层材料形成碎片而剥落;另一种是材料的表面熔融并重新流布。激光光束在材料表面的熔蚀效应会造成非常明显的目视反差效果
汽化效应	在激光对材料的作用过程中,除了一部分激光能量以反射光的形式被反射外,大部分的激光能量会被材料吸收,这些被材料吸收的光能会迅速转化为热能,使被雕刻材料的表面温度急剧上升,而一般材料在温度升高时又会加速材料对激光能量的吸收,当达到材料的汽化温度时,材料表面会因为瞬时汽化而蒸发,汽化的同时会引起瞬间气压的急剧上升,高速气流会将大部分蒸发物向外喷射,于是出现雕刻痕迹。利用汽化效应形成的雕刻痕迹常常会留有明显的蒸发物
光化学效应	由激光光束所引起的材料的光化学反应主要发生在有机化合物上。由于一般聚合物分子的结合键很不稳定,激光光束的高光子能量使聚合物分子主链不规则断裂,或是使聚合物链彼此分开,随后低分子量的链段会挥发掉,即光致烧蚀作用。在利用光化学反应雕刻材料时,材料分子结构会发生变化,这种变化在雕刻区域最直观的反映就是材料的颜色会发生明显的变化,在激光雕刻过程中常常会利用这一特点,甚至有时会使用有限的添加剂,来有效地提高雕刻品的对比度,增加雕刻品的艺术效果

激光之所以能在透明物体内产生损伤点,主要是利用了材料对高强度激光的非线性异常吸收现象。在同一束激光中,光斑越小的地方产生的能量密度越大。这样,通过聚焦,可以使激光的能量密度在进入玻璃及到达加工区之前低于玻璃的破坏阈值,而在希望加工的区域则超过这一临界值,激光在极短的时间内产生脉冲,其能量能够在瞬间使玻璃受热破裂,产生极小的白点,从而在玻璃内部雕出预定的形状,而玻璃的其余部分仍然保持原样,完好无损。

石英玻璃的透过率 T 与波长为 $1.06~\mu m$ 的激光光束的强度关系曲线如图 10-16 所示。

当波长为 $1.06~\mu m$ 的激光光束的强度大于 $1 \times 10^7~W \cdot mm^{-2}$(由石英玻璃的性质决定)时,极强非线性效应内,激光能被石英玻璃异常吸收,造成多光子电离损伤并且产生等离子体,从而使透明材料的体内形成损伤,从玻璃外面看呈现一个小白斑。石英玻璃内部的激光光束吸收可以由如下两种效应来解释。

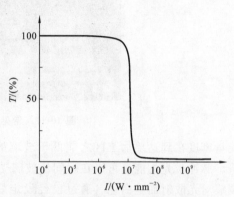

图 10-16 石英玻璃的透过率 T 与波长为 $1.06~\mu m$ 的激光光束的强度关系曲线

(1)最小的显微效应使玻璃吸收光能后,产生局部熔解甚至被破坏。这种效应除了主要取决于激光光束强度外,还取决于外来粒子的种类、大小和密度。

(2)在高强度下,非线性系数才有意义。这时正常的折射率 n 与光强的关系为 $n = n_0 + \delta I$,由于石英玻璃非线性吸收的典型值 $\delta \approx 3 \times 10^{-14}~mm^2 \cdot W^{-1}$,在强度大于 1×10^7 $W \cdot mm^{-2}$ 时,该非线性效应会明显出现。当石英玻璃内部的激光光束呈高斯分布时,上述非线性效应导致折射率在射束中心达到最大值,并向外衰减。这种径向阶梯折射率对激光光束的作用如同透镜,即通过聚焦可提高激光强度,这导致透镜效应进一步加大,又进一步引起更强的聚焦,直至最终使电介质击穿。

当工作距离 L 越大、透镜焦距 f 越小、入射激光光束的束腰半径 ω_0 越大时,聚焦所得的光斑直径越小。同时,为避免激光对非焦点处石英玻璃的破坏,可以先对激光进行扩束,增大入射激光光束的束腰半径。这样聚焦点的光斑更小,聚焦点的功率密度更大,从而使焦点处的材料很容易受到破坏,达到激光内雕的目的。在进行激光内雕时,射入的激光不会融掉直线上的物质,因为激光在穿过透明物体时仍维持光能形式,不会产生多余热量,只有在干涉点处才会转化为内能并融化物质。

在着色内雕诞生之前,白色内雕产品占据整个玻璃激光内雕市场。常见的白色激光内雕玻璃产品如图 10-17 所示。

1. 白色激光内雕原理

传统的白色激光内雕的原理主要是利用纳秒脉冲激光器,把激光聚焦在玻璃内部,通过扫描实现三维(3D)内雕。要实现激光雕刻,在玻璃中激光聚焦点的激光能量密度必须大于使玻璃破坏的临界值(称为损伤阈值)。而激光在该处的能量密度与它在该点光斑直径的大小有关。对于同一束激光,光斑直径越小所产生的能量密度越大。通过聚焦,可以使激光的

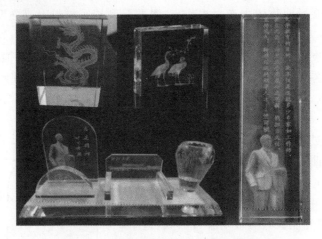

图 10-17　常见的白色激光内雕玻璃产品

能量密度在到达要加工区之前低于玻璃的损伤阈值,而在希望加工的区域则超过这一临界值。脉冲激光的能量可以在瞬间使玻璃受热炸裂,从而产生微米甚至毫米量级的微裂痕,微裂痕对光散射而呈白色。通过已经设定好的计算机程序控制,在玻璃内部雕刻出特定的形状,玻璃的其余部分仍保持原样。

2. 单色着色激光内雕原理

白色的激光玻璃内雕饰品虽然有形却无色。人们开发了采用脉冲宽度为纳秒甚至飞秒的激光着色内雕技术,着色的玻璃内雕成了市场发展的必然趋势。由于聚焦激光的焦点附近具有超高的电场强度,即使材料在激光的波长处不存在本征吸收,也会因激光诱导的多光子吸收、多光子离子化等非线性反应,实现空间高度选择性的微结构改性,并赋予材料独特的光功能。通过空间选择性色心控制,离子价态操控,以及纳米粒子析出可以实现激光玻璃着色内雕。

3. 多色着色激光内雕原理

在金离子掺杂的硅酸盐玻璃中,通过改变激光作用时间和激光功率可以控制金纳米颗粒的尺寸分布,从而改变样品颜色及光学非线性。激光作用时间长,金的纳米表面等离子体共振产生的峰位置移动,呈现出金纳米粒子的量子尺寸效应,随着激光输出功率的增大,吸收系数增大,表面等离子体共振产生的峰向短波方向移动,进而呈现出不同颜色。目前这一技术已经实现了产业化,产生了一定的社会和市场效益,在国内外引起了很大反响。

10.3.4　激光内雕系统的主要构成

普通的激光内雕机主要是由激光器、导光聚焦系统、控制系统和机械系统四部分组成,普通激光内雕机的实物图如图 10-18 所示,结构框图如图 10-19 所示。

1. 工作原理

激光内雕机是一种集激光技术、机械设计技术、计算机技术、电子技术、三维控制技术、传动技术为一体的高科技设备,其系统原理框图如图 10-20 所示。

图 10-18 普通激光内雕机实物图

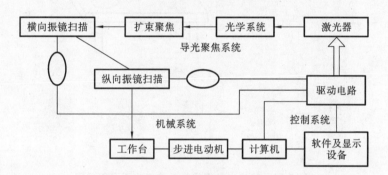

图 10-19 普通激光内雕机结构框图

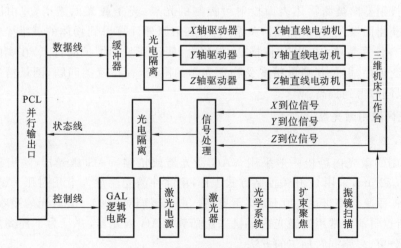

图 10-20 激光内雕机系统原理框图

激光光束经扩束镜扩束后,再射到振镜扫描器的反射镜上,振镜扫描器在计算机的控制下高速摆动,使激光光束在平面的 X 轴、Y 轴两维方向上进行扫描形成平面图像。三维图像靠振镜及工作台的联合动作实现。通过镜头将激光光束聚焦在加工物体的表面或内部形成一个个微细的、高能量密度的光斑,每一个高能量的激光脉冲瞬间在物体表面或内部烧蚀形成雕刻。经过计算机控制,连续不断地重复这一过程,预先设计好的字符、图形等内容就永久地刻蚀在物体表面或内部。激光内雕机首先通过专用点云转换软件,将二维或三维图像转换成点云图像,然后根据点的排列,通过激光控制软件控制图像在水晶中的位置和激光的输出。

2. 结构光三维视觉系统和原理

结构光三维视觉系统主要由投影机、被测物体、图像采集模块、图像处理模块及三维重构系统组成,其实物图及原理图如图 10-21 所示。

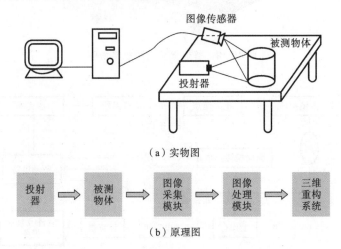

（a）实物图

（b）原理图

图 10-21　结构光三维视觉系统实物图及原理图

结构光投射器向被测物体表面投射可控制的光点、光条或光面结构,并由图像传感器(如摄像机)获得图像,通过系统几何关系,利用三角原理计算得到物体的三维坐标。结构光测量方法具有计算简单、体积小、价格低、量程大、便于安装和维护的特点,在实际三维轮廓测量中被广泛使用,但是其测量精度受物理光学的限制,存在遮挡问题,测量精度与速度相互矛盾,难以同时得到提高。

3. 激光内雕用激光器

1）YAG 激光器

目前常用的激光内雕机一般采用 YAG 激光器或倍频 YAG 激光器,输出波长分别为 1064 nm 和 532 nm,采用 Q 开关控制方式工作,单脉冲激光能量为十几到几十毫焦,脉冲宽度小于 20 ns,重复频率可达 100 Hz 甚至更高。由于玻璃对 1064 nm 激光的吸收率极小,加工很困难,所以目前最常用的激光内雕机采用倍频 YAG 激光器,并且为了提高加工效率往往采用激光分束、多路同时加工的方法。

2）He-Ne 激光器

He-Ne 激光器有良好的频率稳定性,其一直是外差式双频激光干涉仪的首选光源,被广泛用于先进制造业和纳米技术领域,可实现距离测量、速度测量、振动测量、形貌测量、实时位置测控等。双频激光干涉仪的频差决定了干涉仪可测量的目标的运动速度大小,输出功率决定了干涉仪的带负载能力和测量距离。为满足高速测量和多自由度测量的需求,双频激光干涉仪的光源系统要有更高的输出功率和更大的频差。

中、小频差激光干涉仪一般采用纵向塞曼效应产生频率分裂,使 He-Ne 激光器输出两正交圆偏振光,但利用这种原理获得的频差一般小于 4 MHz,且随着频差增大,输出光功率会迅速下降。在普通 He-Ne 激光器的垂直方向上加磁场使激光产生频率分裂的横向塞曼效应可以输出两正交线偏振光,但频差比纵向塞曼效应的更小,一般为 1 MHz 以下,无法满足要求。激光内雕机通常用于水晶像的制作。采用激光内雕法赋值频差既可以获得较大的频差调整量和稳定的频差,又很少损失激光功率。

10.3.5 三维绘图软件介绍

激光三维立体图像的内雕会应用到三维立体图形,因此,在这里对常见的三维绘图软件进行简单介绍。目前市场常见的制图软件有 AutoCAD、3ds Max、Pro/e、SolidWorks 等。

1. AutoCAD

AutoCAD 是 Autodesk 公司开发的自动计算机辅助设计软件,用于二维绘图、详细绘制、设计文档和基本三维设计,现已经成为国际上广为流行的绘图工具。AutoCAD 是最经典、最基础的二维绘图软件,主要用来二维制图,但也有一些设计师用 AutoCAD 进行三维立体设计。

2. 3ds Max

3ds Max 的全称为 3D Studio Max,是 Discreet 公司开发的基于 PC 系统的三维动画渲染和制作软件,是最常用的三维制图软件。3ds Max 被广泛应用于广告、影视、工业设计、建筑设计、三维动画、多媒体制作、游戏、辅助教学以及工程可视化等。

3. Pro/e

Pro/e 的全称为 Pro/Engineer,是美国参数技术公司(PTC)旗下的 CAD/CAM/CAE 一体化的三维软件。Pro/e 是现今主流的 CAD/CAM/CAE 软件之一,在目前的三维造型软件领域中占有着重要地位,特别是在国内产品设计领域占据重要位置。

4. SolidWorks

SolidWorks 是由美国 SolidWorks 公司推出的一款基于 Windows 开发的三维机械设计软件。SolidWorks 的三大特点是功能强大、易学易用和具备技术创新,是领先的、主流的三维 CAD 软件。

11

激光加工设备开发

11.1　激光加工设备设计

激光加工设备是一种典型的机电一体化设备,激光加工设备设计的主要评价方法如表11-1 所示。

表 11-1　激光加工设备设计的主要评价方法

类型	功能	总体技术指标
工效实用性	在规定的工作条件下、规定的工作期限内能正常运行,实现预定的功能	产量、容量、质量、精度
可靠性	在给定的工作条件下、预定时间内能满意地工作	尽量减少零件数目
运行平稳性	稳定性指标	过渡过程时间、超调量、上升时间、稳态误差、滞后时间
经济性	要求设计及制造成本低、机器生产率高、能源和材料耗费少、维护及管理费用低	评价比较不同方案的经济性、评价比较资源利用的合理性
操作方便性、工作安全性	操作系统简便、可靠	减轻操作人员的劳动强度
结构工艺性	造型美观、减少污染	满足制造、施工、加工、装配、安装、运输、维修等要求

激光加工设备的主要特征是自动化操作,因此,设计人员应从其通用性、耐环境性、可靠性、经济性进行综合分析,使系统发挥机电一体化的三大效果。为发挥机电一体化的三大效果,使系统得到最佳性能,一方面要求设计机械系统时应选择与控制系统电气参数相匹配的机械系统参数,另一方面要求设计控制系统时应根据机械系统参数来选择和确定电气参数,综合应用机械技术和激光技术,使二者密切结合、相互协调、相互补充,充分体现机电一体化的优越性。

　　激光加工设备设计的方法通常有机电互补法、结合（融合）法和组合法，其目的是综合运用机械技术和微电子技术的特长，设计出最佳的机电一体化系统。

　　（1）机电互补法也可称取代法。该方法的特点是利用通用或专用电子部件取代传统机械系统中的复杂机械功能部件或功能子系统，以弥补其不足。如在一般的工作机中，用可编程逻辑控制器（PLC）或微型计算机来取代机械式变速机构、凸轮机构、离合器、脱落蜗杆等机构，以弥补机械技术的不足，这不仅能大大简化机械结构，而且还可提高系统的性能和质量。这种方法是改造传统机械系统和开发新型系统常用的方法。

　　（2）结合（融合）法是将各组成要素有机结合为一体构成专用或通用的功能部件（子系统），其要素之间机电参数的有机匹配比较充分。某些高性能的机电一体化系统是执行元件与运动机构的结合。随着精密机械技术的发展，完全能够设计出执行元件、运动机构、检测传感器、控制与机体等要素有机地融为一体的激光加工新系统。

　　（3）组合法是将用结合法制成的功能部件（子系统）、功能模块，像积木那样组合成各种机电一体化系统。例如，将机器人激光加工设备的激光器、光路系统、伺服轴的执行元件、运动机构检测传感元件和控制器等组成激光加工设备的功能部件（子系统），从而组合成结构和用途不同的激光加工设备。

11.2　三维紫外激光设备设计

11.2.1　三维紫外激光打标设备的开发意义

　　从事 IT 电子产品、轻工产品、包装、珠宝首饰、玩具、模具、汽车内饰件等行业的企业众多，因产品功能和外观的要求，常需要在产品的表面进行文字、纹理、图案和图像（以下统称为"纹理"）的工业设计，并通过激光打标和刻蚀、标签黏贴、丝印移印、模具刻蚀转印、水转印、彩色喷涂等不同印制工艺实现。日常生活中所见到的这些产品的纹理，通常都印制在平面或曲率变化较小的曲面上，很少印制在曲率变化较大的连续曲面上。这是因为无论采用上述何种印制工艺，在曲率变化较大的曲面上进行印制时，印制内容均存在较大程度的形状扭曲或尺寸变形，这偏离了原有工业设计的初衷，因此，中小企业工业设计者不得不放弃曲率变化较大的工业设计方案，或改变图案设计使变形图案不易察觉，或将曲面设计改成平面或小曲率曲面。图 11-1 所示的是当前工业设计无法实现的鼠标外观，是文字和规则图案的组合。在实际加工中，在鼠标两侧曲率变化较大的部位，文字和规则图案的打印存在严重的印制变形。图 11-2 所示的是通过激光打标机设计的鼠标外观，两侧实际打印出的曲线与原设计背离，不是文字或规则图案，所以即使存在变形，用户也无法体验和比较。

　　显然，开发能在任意三维曲面进行三维激光打标的设备，一定会深受广大 IT 设计者的欢迎，也会让产品更加丰富多彩。

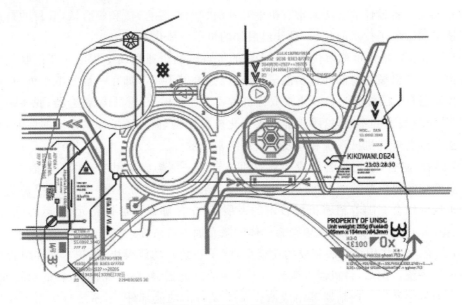

图 11-1　当前工业设计无法实现的鼠标外观

图 11-2　通过激光打标机设计的鼠标外观

11.2.2　三维紫外激光精密标识设备

　　针对高端产品的需求进行优化，采用 355 nm 的紫外激光精密标识设备能够实现精细加工，因为紫外是冷加工，所以不会因为加工过程中材料发生热反应导致炭化而严重影响预期效果，用这种冷光蚀处理技术加工出来的部件具有光滑的边缘和最低限度的炭化。该设备是国内为数不多的亚微米级的三维紫外激光加工设备，即使在复杂多变的曲面，它也能稳稳地操纵"光刀",精雕细琢出想要的文字或图案,其加工精度可达亚微米级,热影响区域极小。系统采用高性能紫外激光、全新纹理映射优化技术、新加工工艺等,可广泛应用于产品曲面精细打标、3D 手机曲屏加工等方面。

该设备采用光学元件波前畸变控制技术和纹理分片技术,独特的整体纹理映射技术及其优化分片技术,使分片后的纹理加工走样率远远低于相关行业标准。采用高速 CCD 检测提高加工质量,体现了由大幅面低畸变三维激光振镜和数控工作台组合成的三维紫外激光加工系统的集成特点,便于用户操作与使用。

1. 三维紫外激光精密标识设备的系统技术指标

(1) 加工幅面:600 mm×600 mm×300 mm,连续可调且向下兼容。

(2) 变焦范围:15~1000 mm,可实现 Z 轴方向连续矢量运动。

(3) 全幅面内聚焦光斑近衍射极限,最大幅面时,IR 聚焦中心点设计值小于 $90 \mu m$,UV 聚焦中心点设计值小于 $50 \mu m$,幅面中心/边缘焦斑直径差异小于 $10\%(1/e^2)$,全幅面内聚焦光斑近衍射极限,透过/反射波前畸变小于 $\lambda/4$,光斑打标直径精确到 0.01 mm。

(4) 激光器波长为 532 nm,激光器功率为 10 W,激光加工精度为 0.03~0.06 mm,纹理加工走样率小于 5%。

三维紫外激光精密标识设备能对 3C 产品的曲面进行非常精细的标识(打标、刻蚀和雕刻等)加工,如对手机曲面显示屏和外壳、模具型腔的标识加工。

2. 三维紫外激光精密标识设备的加工过程

三维紫外激光精密标识设备加工系统的构造如图 11-3 所示。

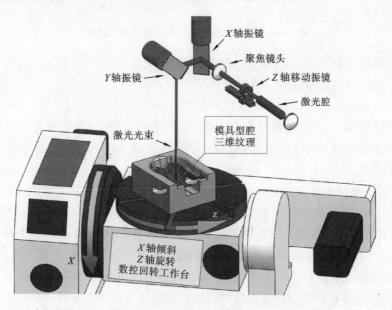

图 11-3 三维紫外激光精密标识设备加工系统的构造

下面以大型模具型腔的蚀纹刻蚀加工为例,阐述三维紫外激光精密标识设备的工作原理。

激光光束从激光器的腔体发出后,分别通过 Z 轴移动镜头和聚焦镜头,入射到 X 轴、Y

轴两振镜上。控制 X 轴、Y 轴振镜反射镜的反射角度,可使激光光束在 X 轴、Y 轴两个方向进行扫描合成,从而达到激光光束偏转的目的,使具有一定功率密度的激光聚焦在模具型腔的三维曲面上,并按指定的要求运动,在曲面上留下永久的刻蚀标记(打标)。与二维激光振镜系统相比,除 X 轴、Y 轴振镜外,三维激光振镜系统增加了 Z 轴移动振镜,构成了三轴数控系统,可根据曲面被加工点的高度(Z 轴坐标),自动调节激光的焦距,保持激光聚焦点正好落在三维曲面上。按预先设定的三维纹理矢量数学模型,编辑和控制激光聚焦点在三维曲面上的运动轨迹,就能实现模具型腔三维曲面上清晰、连续的蚀纹刻蚀加工。激光光束聚焦发生在入射 X 轴、Y 轴振镜之前,三维振镜属于大前聚焦式结构,无须后聚焦式结构的 F-theta 镜。

　　将指定的纹理清晰、连续地通过三维振镜的激光刻蚀在模具三维曲面的关键是需要建立模具三维曲面的三维纹理数学矢量模型,三维纹理数学矢量模型的建立过程如图 11-4 所示。

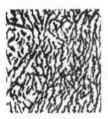

（a）二维平面纹理　　（b）模具三维型腔模型　　（c）将二维平面纹理映射　　（d）三维纹理数学矢量模型
　　　　　　　　　　　　　　　　　　　　　　到模具三维型腔表面

图 11-4　三维纹理数学矢量模型的建立过程

（1）首先设计二维平面纹理(位图或矢量图格式)。

（2）确定待蚀纹加工的模具三维型腔模型。

（3）通过特定的算法将二维平面纹理映射到模具三维型腔表面。

（4）去除原模型,留下的就是与之对应的、用于激光加工的三维纹理数学矢量模型。

　　三维振镜激光的系统加工软件,可读取三维纹理矢量并将其转换为振镜扫描路径坐标,进行纹理的三维加工。

　　然而,被加工物体三维曲面的所有区域并非全部处于三维振镜的激光加工范围。三维振镜的激光输出存在一定的偏转角,在曲面的曲率变化较大时,激光无法接触部分曲面区域,使之成为激光加工的盲区。在三维振镜激光加工过程中,被加工物体的曲面,只有 AB 段能被加工,而 BC 段和 AD 段,则是激光加工的盲区,因为这部分被加工物体的其他部位所遮挡。为了使激光加工盲区也能被加工,让盲区也处于三维激光振镜的加工范围,把三维激光振镜(三轴)和数控回转台(两轴)联合构成五轴数控激光柔性加工系统。

　　把原始状态下激光无法加工的区域定义为初始盲区。处于不同区域的初始盲区的三维纹理,也需要与对应的初始盲区一起旋转至激光的加工区域,为此,需要确定不同区域的初始盲区的数量,并将通过纹理映射技术获得的整体的三维纹理数学矢量模型,进行与不同区域的初始盲区一一对应的分片处理。被分片的三维纹理,则需要在绝对坐标系中与对应的初始盲区朝相同的方向和角度进行旋转,以便三维激光振镜可以把该分片纹理加工在已旋转的对应的初始盲区的表面。通过这种方法,所有被分片的纹理,将逐一被加工在三维曲面对应的区域。图 11-5 所示的三维纹理生成与分片过程揭示了整体纹理的映射过程和分片过程,图 11-6 所示的分片纹理旋转后的加工则表明标示为②的分片纹理,由初始盲区区域,通过旋转后进入了激光加工的区域。在确定整体纹理的分片块数和旋转方向与角度后,第一块分片纹理相对应的曲面旋转到位(回转二轴运动完成)并静止不动后,三维激光振镜开始加工第一块分片纹理,完成加工后,再旋转与第二块分片纹理匹配的曲面,依次进行,直到所有被分片纹理全部加工完毕。

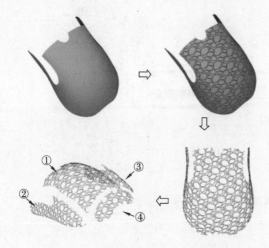

图 11-5　三维纹理生成与分片过程

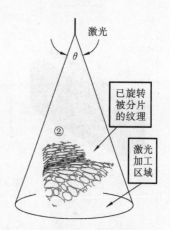

图 11-6　分片纹理旋转后的加工

11.3　三维紫外激光精密标识设备的组装及测试

三维紫外激光精密标识设备由工作台、三维振镜、紫外激光器等组成。三维振镜开始扫描前,聚焦式光学系统控制 Z 轴振镜组光学元件透射波前畸变,采用三维曲面矢量整体纹理的优化分片,根据纹理加工的激光光束入射角的要求以及分片纹理大小的要求,根据被分片的纹理所处的初始盲区的区域,自动进行分片数量、分片旋转角度的优化处理。开发基于三维紫外激光振镜五轴数控的激光加工系统,可用于大中型模具型腔三维曲面的紫外激光蚀纹和蚀刻、大中型产品三维曲面的紫外激光打标。

1. 设备的组装及设计

首先需要购置紫外激光器(图纸见图 11-7)、三维振镜(图纸见图 11-8)、元器件,以及工作台等材料和器件,然后设计与制造三维紫外激光系统的其他非标准零件和工作台,设计光路保证激光器出光口与三维振镜入光口同轴,设计和制造大幅面低畸变三维振镜机壳和激光加工设备整机机柜,将部件组装成前聚焦三维紫外激光加工设备(样机见图 11-9),并利用纹理优化技术,进行前聚焦三维紫外激光加工系统的打样,最后对系统的软硬件进行测试(见图 11-10)。

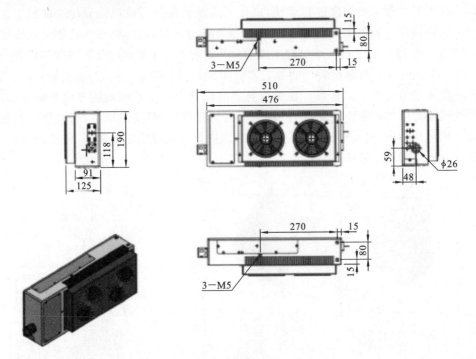

图 11-7 紫外激光器图纸（10W 风冷）

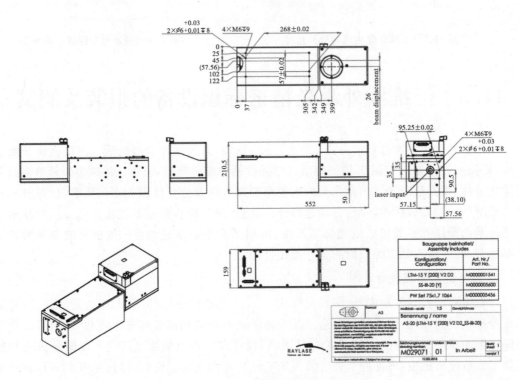

图 11-8 三维振镜图纸

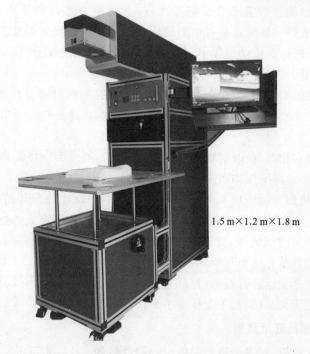

1.5 m×1.2 m×1.8 m

图 11-9　前聚焦三维紫外激光加工设备样机

图 11-10　三维紫外激光打标机的安装测试

设计非标准零件需要参考激光器的孔位和三维振镜的孔位,以及放置方式。

2. 校正光路

在打样之前,还需要校正光路,调试时需要关注效率和位置。关注效率是指注意激光光束在通过若干个光学系统之后,传输效率是否达到预期目标,每个光学系统或元件的传输效率是否达到预期目标；关注位置的含义包括两点，一是激光光束是否从对称系统的中心穿过，二是激光光束的成像或聚焦点是否达到设计要求。调试振镜时要注意，入射激光光束在振镜上的位置要保证振镜在转动过程中，激光光束不会超出振镜的边缘，否则会损失系统效率，也会影响标刻效果，可以使用一些非标准零件进行辅助。

采用的三维振镜的 Z 轴移动范围是±30 mm，二维打标机只需要校正一个平面，而三维打标机需要校正至少 3 个平面。为了保障打标的精准度，此设备校正了 12 个平面，尽可能地减少了误差。

贴图流程首先将实物数据化（建议采用三维扫描仪），通过 UG 将实物模型画出、保存，再将需要贴的图准备好，如果采用的图是位图，则还需要将其转为矢量图。将实物模型以及矢量图导入贴图软件，将贴好的图以 CAD 格式保存。用 CAD 软件打开贴好的矢量并调整其位置，将图进行分片及优化，分片的数量视图片大小及打标角度而定，这样可以减少纹理衔接错误。然后就是样品测试流程：先通过贴图找焦点，再打样品，最后通过显微镜观察打标效果。前聚焦三维紫外激光标识系统的打标范围是 600 mm(X 轴)×600 mm(Y 轴)×500 mm(Z 轴)，但若对一个鼠标进行打标，打标路径的宽度也只是 0.03～0.06 mm，打标范围变大不代表光斑大小也变大，纹理加工走样率小于 5%。

3. 设备调试及样品测试结果

首先对多个鼠标建模，对多个模型贴图，然后打样，如图 11-11 所示。最后通过显微镜观察打标效果，500 倍放大镜下的纹路如图 11-12 所示。所用的样品均是 UV 喷漆零件样品。

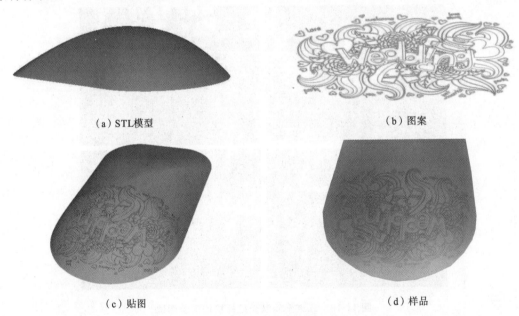

(a) STL模型

(b) 图案

(c) 贴图

(d) 样品

图 11-11　三维零件打样

系统打样通过运行整个标识系统来测试标识系统的预想效果与目前实际效果的差距，分析标识系统的缺陷，通过运行标识系统来发现缺陷或者是操作不当的地方。测试分为分段测试，激光发生器的出光测试、光路测试、振镜测试，人员操作测试。分段测试的好处是容

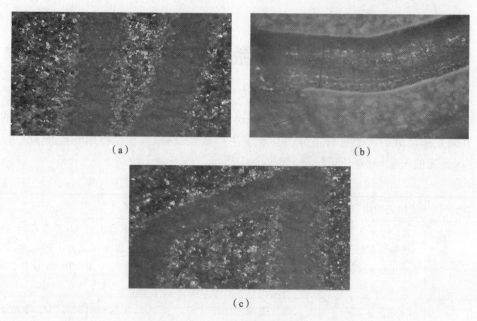

（a） （b）

（c）

图 11-12　500 倍放大镜下的纹路

易确定缺陷出现的范围,提高测试质量,前聚焦紫外激光标识系统的设计是一个持续改进的过程,而每一次改进都可能改变打标效果,对系统进行测试,以验证修改后的系统是符合要求的。图 11-13 是利用三维紫外激光加工设备制作的立体纹理。

图 11-13　利用三维紫外激光加工设备制作的立体纹理

附录 A   激光及激光设备安全等级

国际电子技术委员会(international electrotechical commission,IEC)对激光设备的安全性,按其激光输出值的大小进行了分类。正规生产激光设备,其安全等级均应按 IEC 标准进行标注。激光的安全等级(IEC 标准)如表 A-1 所示。

表 A-1   激光的安全等级(IEC 标准)

激光安全等级		激光输出功率	等级特征
Class 1		低输出的激光(功率小于 0.4 mW)	不论何种条件下,对眼睛和皮肤都不会超过 MPE 值,甚至通过光学系统聚焦后也不会超过 MPE 值,可以保证设计上的安全,不必特别管理。典型应用有激光教鞭、CD 播放机、CD-ROM 设备、地质勘探设备和实验室分析仪器等
Class 2		低输出的可视激光(功率为 0.4~1 mW)	人闭合眼睛的反应时间为 0.25 s,用这段时间算出的曝光量不可以超过 MPE 值。通常 1 mw 以下的激光,会导致人晕眩无法思考,闭合眼睛也无法保证完全安全,不要直接在激光光束内观察,也不要用 Class 2 激光直接照射别人的眼睛,避免用远望设备观察 Class 2 激光。典型应用有课堂演示、激光教鞭、瞄准设备和测距仪等
Class 3	3A	可见光的连续激光,输出为 1~5 mW 的激光光束	激光光束的能量密度不要超过 25 W/m²,避免用远望设备观察3A 激光。3A 激光的典型应用和 Class 2 级的有很多相同之处,如激光教鞭、激光扫描仪等
	3B	5~500 mW 的连续激光	直接在激光光束内观察有危险,最小照射距离为 13 cm,最大照射时间为 10 s。3B 激光的典型应用有光谱测定和娱乐灯光表演等
Class 4		高输出的连续激光(功率大于 500 mW),高过第三级	有火灾的危险,扩散反射也有危险。典型应用有外科手术研究、切割、焊接和显微机械加工等

激光器按波长分为各种类型,由于不同波长的激光对人体组织器官的伤害不同,因而各类型的激光器按其功率输出大小及对人体伤害分以下四级。

第一级激光器:即无害免控激光器。这一级激光器发射的激光,在使用过程中对人体无任何危险,即使用眼睛直视也不会损害眼睛。对这类激光器不需任何控制。

第二级激光器:即低功率激光器。这一级激光器发射的激光,功率低,用眼睛偶尔看一下不至于造成眼损伤,但不可长时间直视激光光束,否则,眼底细胞受光子作用将损害视网膜,但这类激光对人体皮肤无热损伤。

第三级激光器:即中功率激光器。这一级激光器发射的激光聚焦时,人眼直视激光光束会造成眼损伤,但激光改变成非聚焦时,漫反射的激光一般无危险,这类激光对皮肤无热损伤。

第四级激光器:即大功率激光器。这一级激光器发射的激光,其直射激光光束及镜式反射光束对眼和皮肤有损伤，而且损伤相当严重，并且其漫反射光也可能对人眼造成损伤。

根据上述对激光器的分级来看，对人眼睛及皮肤损害最大的是第四级激光器。激光安全管理措施如表 A-2 所示。

表 A-2　激光安全管理措施

级别	安全管理措施
第一级激光器	由于第一级激光器是无害免控激光器，因此不需任何控制措施，激光器不必使用警告标记，但应避免长久地直视第一级激光光束
第二级激光器	第二级激光器为低水平激光器，偶尔照射到人眼不至于引起伤害，但连续观察激光光束时能损伤眼睛，因此，不能长时间地直视激光光束，此外，还应该在安放第二级激光的房门上及激光的外壳及其操作面板上张贴警告标示
第三级激光器	（1）对操作激光器的工作人员进行教育和培训激光器可能出现的潜在危险，并对培训人员进行恰当的激光安全训练，以及培训出现危险时的紧急处理方法。 （2）管理和使用激光器必须由专业（职）人员来进行，未经培训的人员不得擅自开启使用激光设备。激光器上的触发系统上装设联锁开关，确保只有用钥匙打开联锁开关以后才能触发启动，拔出钥匙就不能启动。 （3）在存放、使用激光器的房间内不要无故地把激光光束对准人体，尤其是眼睛。现场人员应戴上安全防护眼镜，在有强激光器工作区的内、外显眼位置上张贴出危险标示。 （4）第三级激光器必须只能在一定的区域内被使用，并设立门卫及安全的弹簧锁、联锁等，以确保未受保护人员不得进入受控区，即使门意外被打开，激光器的激励也能立即停止。房间不应透光，以阻止有害激光光束泄漏出去，同时设立紧急开关，使得人员处于危险情况下时能将激光器停止发射。 （5）激光器的使用人员必须了解激光器的结构、安全防护，在经过考核后获得第三级激光器使用执照，领有执照的工作人员才有资格操作激光器。 （6）调试激光器的光学系统时采取严格的防护措施，保证人的眼睛不受到原激光光束及镜式反射光束的照射，即视轴不与原激光光束及镜式反射光束同轴。 （7）用光学仪器观察激光光束对眼睛损伤的可能性增大，如用双筒镜、显微镜、望远镜观察激光光束时应注意保护眼睛。 （8）在激光设备室的门上及激光器外壳和操作面板的显眼位置张贴警告标示
第四级激光器	由于第四级激光器输出功率最高，而且肉眼不能感受到光波，所以第四级激光器是最危险的激光器，对人体的损害严重程度最大。不仅激光的原激光光束和镜式反射光束可以伤害人体，而且漫反射的激光也能伤害人体，因此，必须对第四级激光器采取更为严格的控制措施，须增加一些特殊管理才行。 只允许有钥匙的专管工作人员才能启动第四级激光器、持有执照的人员才能操作第四级激光器，并且必须张贴危险警告标示

附录 B 激光加工机械安全要求(GB/T 18490-2001)

本标准等效采用了 ISO 11553:1996《机械安全激光加工机械安全要求》。

1. 范围

本标准提出了有关激光加工机械的危险,规定了与辐射危险及被加工物料危险有关的安全要求,并规定了这类设备的制造者应该提供的资料。

本标准适用于用激光对材料进行加工的机械。

本标准不适用于特意为下列应用制造的激光产品或者包含激光产品的设备:

——照相平板印刷术(photolithography);

——立体光刻照相术(stereolithography);

——全息术(holography);

——医学应用(medical applications(per IEC 60601-2-22));

——数据存储(date storage)。

2. 引用标准

下列标准所包含的条文,通过在本标准中引用而构成为本标准的条文。本标准出版时,所示版本均为有效。所有标准都会被修订,使用本标准的各方应探讨使用下列标准最新版本的可能性。

GB 2893-1982 安全色;

GB 2894-1996 安全标志(neq ISO 3864:1984);

GB/T 5226.1-1996 工业机械电气设备第一部分:通用技术条件(eqv IEC 60204-1:1992);

GB 7247-1995 激光产品的辐射安全、设备分类、要求和用户指南(idt IEC 60825:1984);

GB/T 15706.1-1995 机械安全基本概念与设计通则第 1 部分:基本术语、方法学(eqv ISO/TR 12100-1:1992);

GB/T 15706.2-1995 机械安全基本概念与设计通则第 2 部分:技术原则与规范(eqv ISO/TR 12100-2:1992);

IEC 60825-4:1997 激光产品的安全激光防护装置。

3. 定义

本标准采用 GB/T 15706.1-1995、GB 7247-1995 的定义及下列定义。

(1) 机械(机器)。

由若干个零件、部件组合而成,其中至少有一个零件是可运动的,并且有适当的机械致动机构、控制和动力系统等。它们的组合具有一定的应用目的,如物料的加工、处理、搬运或包装等。

(2) 激光加工机。

包含有一台或多台激光器,能提供足够的能量/功率使至少有一部分工件融化、汽化,或者引起相变的机械(机器),并且在准备使用时具有功能上和安全上的完备性。

(3)(预防性)维护。

为了保证产品预定的性能,在给用户的文件资料中所规定的调整或程序的执行,这些调整或程序是要由用户来完成的。

注:例如包括消耗品的再补充与清洁。

(4)制造者。

装配激光加工机的个人或者组织。如果激光加工机是进口的,则进口商承担制造者的职责。负责调整、改进加工机的个人或者组织也被看作是制造者。

(5)改进。

使激光加工机能以不同于原设计的方式加工物料的改造,或使激光加工机能对不同于原设计加工对象的物料进行加工的改造,或者影响激光加工机安全性能的改造。

(6)加工区。

激光光束与工件物料相互作用的区域。

(7)生产。

激光加工机按设计被使用的阶段,包括如下操作。

① 装入与卸下要加工的部件或物料,这一操作或全自动,或半自动,或手动。

② 在加工过程中只有激光光束工作,或者激光光束与其他器具共同工作。

(8)检修。

故障检修在制造者检修说明书中所陈述的调整或其程序的执行,它可能会影响产品的性能。

注:例如包括故障诊断、设备拆开与修理。

(9)组件。

激光加工机固有性能所要求的组成部分。按照 GB 7247,一个组件可能属于一个激光类别。

(10)工件。

预定要加工的物料;激光光束的目标靶。

4. 危险

本章概述了用激光加工物料时有关的各种危险。

(1)固有的危险。

激光加工机可能导致下列危险(见 GB/T 15706.1)。

① 机械危险。

② 电气危险。

③ 噪声危险。

④ 热危险。

⑤ 振动危险。

⑥ 辐射危险,例如包括:直射或反射的激光光束导致的危险;离子辐射导致的危险;由闪光灯、放电管或射频源发出的伴随辐射(紫外、微波等)导致的危险;因激光光束作用使目标靶发出二次辐射(其波长可能不同于该激光光束波长)导致的危险。

⑦ 材料和物质导致的危险,例如包括:激光加工机使用的制品(如激光气体、激光染料、激活气体,溶媒等)导致的危险;激光光束与物料相互作用(如烟、颗粒、蒸气、碎块等)导致的危险;火灾或爆炸;用于促进激光与靶相互作用的气体及其产生的烟雾导致的危险。

⑧ 机器设计时忽略人类工效学原则而导致的危险。

(2) 外部影响(干扰)造成的危险。

激光加工机的工作环境及其电源状态可能使加工机工作不正常而导致危险状态,有必要让人进入其危险的加工区。

环境干扰另外还包括:温度;湿度;外来冲击/振动;周围的蒸气、灰尘或其他气体;电磁干扰/射电频率干扰;断电/电压起伏;不能胜任的硬件/软件的兼容性与完整性。

(3) 本标准涉及的危险。

只有辐射导致的危险,以及激光与物料相互作用导致的危险才是本标准要论及的危险。

5. 安全要求与措施

(1) 一般要求。

制造者应该保证激光加工机的安全性能,或者给出有关加工机的危险鉴别与分析、安全措施的实施、安全措施的确认与验证、为用户提供适当的资料。

根据对危险的鉴别,在激光加工机设计与制造阶段就应把适当的安全防护措施包含进去。

下述要求应该给予满足:每一个制造者都应该遵守规定的安全要求与防护措施;安装人员应该对激光加工机,包括组件的整体一致性负责。

注:即使制造者与顾客/用户是同一法人实体,这些要求也适用。

(2) 风险评价。

风险评价应该在下列情况下进行。

① 激光加工机从设计制造、应用到维护检修的各个阶段,见 GB/T 15706.1。

② 负责改进的人员或组织对加工机进行每一次改进之后。

风险评价包括但不局限于下述内容。

① 在(1)和(2)中列出的危险。

② 危险区,特别是与激光系统、激光光束路径、激光光束传输系统,以及加工区有关的那些区域。

③ 在(2)中列出的干扰。

风险评价的结果应该及时地用文件表示出来。

(3) 修正措施的实施。

安全防护措施,正如上述内容所规定的,应该在激光加工机设计与制造阶段就包含进去。

① 激光辐射危险的防护

a. 概述。

在生产期间(不管正常与否),应该排除人员受到 1 级可达发射极限(AEL)以上激光辐射照射的可能性。维护时则应该避免人员受到 3A 级可达发射极限(AEL)以上激光辐射的照射。

为了做到这一点,应该符合下列要求。

(a)应该采取工程上的措施,如 GB 7247 和 GB/T 15706 所规定的,以防止人员未经许可就进入危险区。

(b)如果在加工机运转的同时人员不得不在危险区内停留(例如检修期间),则该加工机应该装备有能直接控制加工机运行、激光光束方向和激光光束挡块的装置。

(c)保护装置,像光闸、挡板、激光光束耗散器件、自动停机机构、阻滞器件等,其设计应该符合 GB 7247 和 GB/T 15706 的规定要求。如果这两个文件的要求含义模糊或者有差别,则上述(a)和(b)的要求是具有决定性的。

(d)一个保护装置,或者同一保护装置可以用来对一种以上的危险同时提供保护。

另外,要求(c)中的保护装置还应符合 IEC 60825-4 规定的要求。

b. 生产期间的防护。

主要危险区通常是加工区。

在正常生产期间,当激光辐射超过 1 级 AEL 时,应该有一个或多个防护装置防止人员进入加工区。

危险分析应该说明要采用的防护是哪一种类型的,是局部保护还是外围保护。

局部保护是使激光辐射及有关的光辐射减小到安全量值的一种防护方法,例如借助于固定在工件上激光光束焦点附近的套管或小块挡板,而不用把工件、工件支架和加工机运动系统全封闭起来。

外围保护是通过一个或多个远距离挡板(例如保护性围栏)把工件、工件支架及加工机,通常是大部分的运动系统封闭起来,使激光辐射及有关的光辐射减小到安全量值的一种防护方法。保护的种类取决于几个因素,例如:

——激光光束相对工件的传输方向(固定的或可变的);

——激光加工机的工作类型(切割、焊接、表面改性等);

——待加工工件的材质、形状及表面状态;

——工件支架;

——加工区的能见度。

c. 检修期间的防护。

在检修期间,人员有时会不可避免地接近 1 级 AEL 以上的激光辐射。所以应该根据下述四种情况(按所列先后顺序考虑)进行激光加工机的设计并提供适当的安全保护措施。

(a)在危险区外面进行检修。

(b)在危险区里面进行检修,用和生产期间相同的方式控制接近(如联锁的防护罩)。

(c)在危险区里面进行检修而可能接近不超过 1 级 AEL 的激光辐射(例如把生产期间正常封闭的防护装置打开)。

(d)在危险区里面进行检修,例如应该打开生产期间正常封闭的防护装置,这时,可能接近超过 1 级 AEL 的激光辐射。

制造者应该说明可能接近的激光辐射的级别,并就每一种情况(若适宜)的安全保护方案提出建议。

d. 培训、规划和方案验证期间的防护。

在培训、规划和方案验证期间应避免人员接近 3A 级 AEL 以上的激光辐射。如果不能满足这一条件,则应该符合检修期间的防护要求。

② 控制装置与控制电路。

控制装置与控制电路应该符合 GB/T 5226.1 的要求。

a. 启动/停机开关。

激光加工机停机开关应该能使加工机停机(致动装置断电),同时隔离激光光束,或者不再产生激光光束。激光器停机开关应该能使激光光束不再产生。

对于激光系统和加工机的其余部分,可以使用各自独立的控制装置。

b. 紧急终止开关。

紧急终止开关应该符合 GB/T 5226.1 的要求。

紧急终止开关应该能同时:

——使激光光束不再产生并自动把激光光闸放在适当的位置;

——使加工机停机(致动装置断电);

——切断激光电源并释放储存的所有能量。

如果几台加工机共用一台激光器,且各加工机的工作彼此独立无关,则安装在某一台加工机上的紧急终止开关应该像上述要求那样工作:

——使有关的加工机停机(致动装置断电);

——切断通向该加工机的激光光束。

c. 联锁控制装置和防护控制装置。

在防护装置被打开或被移动,或者安全联锁装置失效时,加工机应该不能自动运行工作。如果加工机的设计要求在一个或多个防护装置被打开(正常生产时是闭合的),并且对加工机致动装置供电情况下,能临时执行某些程序,则提供的工作方式应该能使那些防护装置无效。

选择的工作方式应该满足以下要求。

(a)是用可锁定方式的选择器。

(b)能自动隔离激光光束。

(c)能防止加工机自动运行。

可以将一个用钥匙操纵的开关用作方式选择器。

在带有安全联锁装置(可失效的)的可拆卸观察板上的分立式联锁超控机械装置应该符合 GB 7247 的有关要求。

所选定的工作方式应该用信号清晰地表示出来。在工作方式选定之后,应该在检修时能使激光光束的隔离无效(即"打开"激光光闸)。

注:超控是使安全联锁暂时失去作用的措施。

(d) 隔离激光光束的措施。

激光光束的隔离应该通过截断激光光束或使激光光束偏离来实现,以防止激光光束进入激光光束传输系统。

实现激光光束隔离应该用一个位于激光器内的或能立即移出激光器的失效安全的激光光束挡块(激光光闸)。激光光束挡块处在闭合位置上时应该有一个指示器给予说明(即防止激光光束射出)。

应该提供一简便易行的方法使挡住光路的激光光束挡块锁定,为此允许使用钥匙开关。

(e) 人员位于危险区内时的保护装置。

如 GB/T 15706.2-1995 中 4.1.4 所述,对于人员应该停留在危险区内(生产情况除外)的情况,加工机应该提供能控制致动系统及激光光束发射的装置,而且要由位于危险区内的人员操纵。这种装置应该符合下列要求:

——该装置应该有一手持式控制开关,它断开时能防止人员接近 3A 级 AEL 以上的激光辐射;

——在用该装置进行控制时,加工机致动系统及激光光束的发射应该完全只由此装置控制;

——若通过门可以进入危险区,则应该在这些门都关好以后才能用该装置启动激光发射。

③ 由材料和物质产生的危险的防护。

制造者应该使顾客或用户了解加工机能加工哪些物料。制造者应该提供适当的方法来收集烟雾与这些物料散在空气中的颗粒。制造者还应该提供这些物料的限值,以及这些物料在加工过程中产生的烟雾和颗粒物的极限值。

注:安全地清除加工机产生的烟雾及颗粒物,以达到地区的、国家的或标准规定的极限值的要求,是顾客或用户的职责。

应该对用于促进激光与工件相互作用的辅助气体(如氧气)及其产生的烟雾所造成的危险给予适当的考虑。有关的危险包括爆炸、着火、有毒影响、氧过剩及氧缺乏。

6. 安全要求与措施的检验

是否符合本标准的要求,特别是那些有关防护装置与控制装置的定位要求,应该目测检验予以确认。

控制装置是否功能正常,应该按制造者规定的试验方法进行检验。

参考文献

[1] 肖海兵,刘明俊,董彪,等.激光原理及应用项目式教程[M].武汉:华中科技大学出版社,2018.

[2] 施亚齐,戴梦楠.激光原理与技术[M].武汉:华中科技大学出版社,2012.

[3] 王中林,王绍理.激光加工设备与工艺[M].武汉:华中科技大学出版社,2011.

[4] 陈鹤鸣,赵新彦.激光原理及应用[M].2版.北京:电子工业出版社,2013.

[5] 隗东伟.金属材料焊接[M].北京:机械工业出版社,2016.

[6] 曹凤国.激光加工[M].北京:化学工艺出版社,2015.

[7] 张连生.金属材料焊接[M].北京:机械工业出版社,2016.

[8] 关振东.激光加工工艺[M].北京:中国计量出版社,2007.

[9] 程亚.超快激光微纳加工:原理、技术与应用[M].北京:科学出版社,2016.

[10] (荷兰)威廉 M.斯顿.材料激光工艺过程[M].蒙大桥,张友寿,何建军译.北京:机械工业出版社,2012.

[11] 李亚江,李嘉宁.激光焊接/切割/熔覆技术[M].北京:化学工业出版社,2016.

[12] 钟敏霖,宁国庆,刘文今.激光熔覆快速制造金属零件研究与发展[J].激光技术,2002,26(5):388-391.

[13] 陈磊,刘其斌.激光熔覆制备高熵合金 MnCrTiCoNiSi_x 涂层组织与性能的分析[J].应用激光,2014,34(6):494-498.

[14] 王威,林尚扬,徐良,等.中厚钢板大功率固体激光切割模式[J].焊接学报,2015,36(4):39-42.

[15] 陈继民,肖荣诗,左铁钏,等.激光切割工艺参数的智能选择系统[J].中国激光,2004,31(6):757-760.

[16] 刘顺洪.激光制造技术[M].武汉:华中科技大学出版社,2011.

[17] KAUL R,GANESH P,SINGH N,et al. Effect of active flux addition on laser welding of austenitic stainless steel[J].Science and Technology of Welding and Joining,2007,12(2):127-137.

[18] 曹明翠,郑启光,等.激光热加工[M].武汉:华中理工大学出版社,1995.

[19] 陈家璧,彭润玲.激光原理及应用[M].3版.北京:电子工业出版社,2013.

[20] 陈家璧.激光原理及应用[M].北京:电子工业出版,2010.

[21] 杜羽.激光加工实训[M].北京:科学出版社,2015.

[22] 汤伟杰,李志军.现代激光加工实用实训[M].西安:西安电子科技大学出版社,2015.

[23] 王秀军,徐永红.激光加工实训技能指导理实一体化教程[M].武汉:华中科技大学出版社,2014.

[24] 杭州东镭激光科技(EzCad2.0)软件使用手册.激光打标机软件中文版.2014.

[25] 武汉新特光电技术有限公司.CNC2000 数控软件使用说明书.2013.